政府网站建设与绩效评估

以山东省为例

·
·
·

李　刚　周鸣乐　戚元华
著

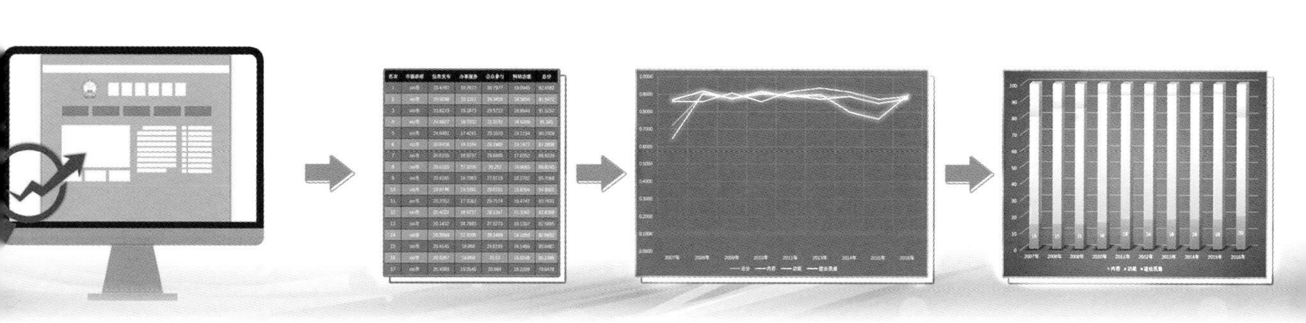

中国社会科学出版社

图书在版编目(CIP)数据

政府网站建设与绩效评估：以山东省为例／李刚，周鸣乐，戚元华著．
—北京：中国社会科学出版社，2019.1
（地方智库报告）
ISBN 978－7－5203－4054－0

Ⅰ.①政…　Ⅱ.①李…②周…③戚…　Ⅲ.①地方政府—互联网络—网站建设—评估—山东　Ⅳ.①TP393.409.21

中国版本图书馆 CIP 数据核字（2019）第 025163 号

出 版 人　赵剑英
责任编辑　马　明
责任校对　任晓晓
责任印制　王　超

出　　版　中国社会科学出版社
社　　址　北京鼓楼西大街甲 158 号
邮　　编　100720
网　　址　http://www.csspw.cn
发 行 部　010－84083685
门 市 部　010－84029450
经　　销　新华书店及其他书店

印　　刷　北京君升印刷有限公司
装　　订　廊坊市广阳区广增装订厂
版　　次　2019 年 1 月第 1 版
印　　次　2019 年 1 月第 1 次印刷

开　　本　787×1092　1/16
印　　张　14.25
字　　数　186 千字
定　　价　58.00 元

项目组负责人：

李　刚　齐鲁工业大学山东省计算中心（国家超级计算济南中心）研究员

周鸣乐　齐鲁工业大学山东省计算中心（国家超级计算济南中心）高级工程师

戚元华　齐鲁工业大学山东省计算中心（国家超级计算济南中心）工程师

项目组成员：（按姓氏汉字笔画为序）

王　玮　王小斐　王明杰　王春景　田德允

史生祥　冯正乾　刘　波　刘一鸣　李　扬

李　旺　李　敏　贺　珂　黄志斌

前　言

随着中国信息化水平的不断提高和网络强国战略、大数据战略以及“互联网+”行动计划的深入实施，政府网站已成为信息化条件下政府密切联系人民群众的重要桥梁和政府履职的重要平台，成为深化政务公开、推进“互联网+政务服务”工作的重要实施平台。

习近平总书记在全国网络安全和信息化工作会议上指出：“构建网上网下同心圆，更好凝聚社会共识，巩固全党全国人民团结奋斗的共同思想基础。”党的十九大报告也指出，“党要增强改革创新本领，保持锐意进取的精神风貌，善于结合实际创造性推动工作，善于运用互联网技术和信息化手段开展工作”。国务院办公室厅印发的《政府网站发展指引》，首次从国家层面对全国政府网站的建设、管理和发展做出明确规范，到2020年，要将政府网站打造成更加全面的政务公开平台、更加权威的政策发布解读和舆论引导平台、更加及时的回应关切和便民服务平台，建设整体联动、高效惠民的网上政府，并提出“可采用第三方评估、专业机构评定、社情民意调查等多种方式，客观、公正、多角度地评价工作效果”。开展政府网站绩效评估工作，旨在引导各级政府网站增强服务功能，强化公众监督，提高网上办事满意度，扩大公众参与度，准确反映社情民意，推动各级政府和部门开创工作新局面。

山东省计算中心（国家超级计算济南中心）从2007年开

始，受山东省信息化工作领导小组办公室委托，成立了政府网站绩效专业团队，连续11年开展了山东省政府网站绩效评估工作。评估团队连续多年承担政府网站绩效评估、政务公开第三方评估、电子政务绩效考核等省市级评估工作，具有非常丰富的评估经验，本书是团队长期在政府网站绩效评估方面研究成果的结晶，也是齐鲁工业大学山东省计算中心（国家超级计算济南中心）集体智慧的结晶。

山东省是中国政府网站发展较早的省份之一，经过近20年的发展，已经形成以“中国·山东”政府门户网站为主，省政府部门、市、县各层级全面覆盖的政府网站体系。各级政府网站从最初单纯的信息发布平台，已经逐步发展为集信息发布、解读回应、互动交流、办事服务四大功能于一体，用户体验并行的政务交互平台。11年的绩效评估工作重点经历了“网站有没有”到“栏目多不多”再到“功能新不新”和“公众满不满意”的阶段。在评估指标的引导下，围绕服务型政府建设，山东省各级政府网站以公众需求为核心，不断加强电子政务建设，深化公共行政改革，强化政府网站的功能服务定位，提升政府公共服务能力，充分满足公众多样化的需求，取得了显著成绩。

本书上篇共分为四章：第一章回顾了国内外政府网站的缘起和发展历史，概述了现阶段政府网站的主要内容和建设模式；第二章对政府网站绩效评估相关概念和理论进行了研究，综述了国内外政府网站绩效评估的发展情况，介绍了政府网站绩效评估常用工具，并提出了基于“层级—功能—质量”的三维逻辑框架的政府网站绩效评估指标体系构建方法；第三章以山东省为例，回顾了11年来山东省各级政府网站发展的总体特征和发展阶段，以及开展的相关绩效评估工作；第四章纵观政府网站发展的几十年历程，结合11年政府网站绩效评估经验，提出了未来政府网站建设和发展的重点方向与展望。下篇分别为本团队所撰写的《2016年山东省政府网站绩效评估报告》和

《2017 年山东省政府网站绩效评估报告》。

在评估工作开展和本书撰稿过程中，我们得到了有关单位的领导、领域专家、工作同事和朋友们的大力支持与帮助，同时也参考了国内外有关学者的相关成果，在此一并表示衷心的感谢。

由于作者水平有限，书中难免存有不妥或错漏之处，我们恳切希望广大读者批评指正！

目　　录

第一章　政府网站建设

第一节　政府网站的缘起

一　政府网站的产生

随着信息技术的发展，信息传递与交流方式以及服务和利用方式等都发生了重大的变化，信息已经成为战略性资源。提供信息和知识服务已成为社会和经济的主导产业，信息资源管理和知识管理已成为各行业的核心领域。站在国家层面来说，国家之间的竞争主要表现为综合国力的竞争，而综合国力的重要组成部分就是高效率的政府。

（一）“服务型”政府理念提供契机

服务型政府的理念源自西方国家在政府再造中提出的观点，指政府不再是高高在上的官僚机构，而是为社会公众服务的服务型组织。①

传统的政府办公即分散孤立的管理职能、基于人力的文书与档案处理以及复杂烦琐的事件呈报与处理程序，使政府办公占用大量人力、物力，同时效率还不断降低，民众需求得不到回应的现象日益增多，政府开展的各项工作难以让民众满意。服务型政府建设的要求，迫使各级政府改变传统的、直接面对

---

① 吴玉宗：《服务型政府建设之现状研究》，《行政与法》2004 年第 11 期。

管理对象的操作方式，寻找政府部门办公自动化、网络化渠道。而政府网站具备的信息管理、服务传递等优势，使其被提上政府办公日常议程。所以，服务型政府的建设为政府网站的大规模建立创造了契机。①

（二）新媒体传播格局提供渠道

20 世纪 90 年代，人类的信息交流方式开始出现网络化趋势的变革，信息的传播与接收方式都发生了很大的改变。信息的传播格局由“一对多”的点对面的单向传播变为“多对多”的点对点的互动传播；Web 2.0 时代的到来，促使人们接收信息的载体由报纸、广播、电视逐渐向电脑、手机等新媒介转移，人类进入空前的“信息大爆炸”时代。新媒体改变了整个社会的运行方式，开始在人们的生活中扮演着越来越重要的作用，给社会、经济、政治、文化带来巨大的影响，直接导致政府网站成为政府应对网络环境的主要形式。

结合互联网自身特点，政府网站也彰显出超越时空限制、传播速度快、影响面广等优势，这种优势使政府网站简化了工作程序，提高了政府职能部门的工作效率以及工作透明度，增强了与社会的良性互动。所以，新媒体传播格局促进了政府网站的建设。

（三）民主诉求加快政府网站建设

信息大爆炸的时代背景下，网络传媒的个性化、碎片化、微内容化，促进了公民舆论多元化，允许人们在网上直接对国家和地方政府事务发表言论。这种便捷性不仅大大降低了政治参与成本，也鼓励了公民的政治参与。公民充分利用法律赋予自己的权利，提出自身的诉求。这种由舆论多元化带来的政治

---

① ［美］查尔斯·林德布洛姆：《政治与市场：世界的政治—经济制度》，王逸舟译，上海三联书店、上海人民出版社 1994 年版，第 26 页。

民主诉求，加上网络媒体将政府的政务工作、决策置于网络大众的监督之下，政府行为受到越来越多的关注与约束。这直接要求各国政府部门全方位实现国家信息资源的共享，并且对政府公共行政事务进行公开。所以，群众的民主诉求，加快了政府网站的建设。

二　政府网站的定义

（一）相关概念

1. 互联网

互联网是网络与网络之间串联而成的庞大网络，这些网络以一组通用的协议相连，形成逻辑上单一巨大的国际网络。互联网是当今世界的中枢神经系统，是人类最伟大的发明，实现了从解放体力到解放脑力的伟大飞跃。

2. 网站

网站是互联网的节点，使互联网的作用具体化和对象化；是信息社会中各种组织在网络世界的据点（数字化存在）、自身形象展示的窗口和综合服务的平台。人们可以通过网页浏览器来访问网站，获取自己需要的资讯或者享受网络服务。

3. 电子政务

电子政务是指运用计算机、网络和通信等现代信息技术手段，实现政府组织结构和工作流程的优化重组，超越时间、空间和部门分隔的限制，建成一个精简、高效、廉洁、公平的政府运作模式，以便全方位地向社会提供优质、规范、透明、符合国际水准的管理与服务。

4. 政府网站

政府网站是网站与电子政务的有效结合。它是政府部门统一建立的门户网站，指一级政府在各部门信息化建设的基础之上，建立起跨部门的、综合的业务应用系统，使公民、企业与政府工作人员都能快速便捷地获取所有相关政府部门的政务信息，并获得个性化服务，使合适的人能够在合适的时间获得合适的服务。①

政府网站应具备以下几个特性：第一，权威性，政府网站发布的信息来源于政府各职能部门，经过严格的审批程序，信息是可靠的、准确的、权威的。第二，便民性，政府网站无论是发布信息还是提供网上办理服务，均以便民、利民为出发点和归宿，并在内容和形式上充分体现它的实用价值。第三，广泛性，在向用户群提供完整的政务信息的同时，还提供新闻类、服务类等全面反映城市风貌的信息。第四，统一性，网站是在整合政府各部门信息资源的基础上，统一组织对外政务信息发布、受理网上办事的系统平台，应以一个整体的形象代表“网上政府”。第五，安全性，从技术和管理上确保网络和信息的高度安全，使政务信息安全流转并得到充分利用。

政府网站是电子政务的重要、有机的组成部分，是电子政务的绩效通道与表现形式，是推行公共服务的有效切入点。

5. 服务型政府网站

服务型政府网站是政府网站概念的延伸。它是以满足公众日益增长的需求为出发点，拥有较高的在线办事能力，着眼于便民利民，为不同群体提供与其生活密切相关的公益性信息资源的服务平台。服务型政府网站基于信息公开，其内容必须个性化、人性化、专业化，而且以提高用户的满意度为最终目的。

（二）政府网站的内涵

政府网站是指国家行政机关在互联网上建立的，面向社会提供服务的官方网站。依托此网站，国家行政机关可优化组织结构和工作流程，并整合管理和服务行为，超越时空界限和部

---

① 彭琛：《基于平衡计分卡的政府门户网站绩效评估研究》，硕士学位论文，云南财经大学，2012 年，第 1 页。

门分隔，全方位地向公众提供规范统一、公开透明的政府管理和服务。①

1. 政府网站的建设主体

履行国家行政职能的机关是政府网站的建设主体。因此，国家行政机关、由国家法律授权或行政机关委托行使行政管理职能的各类组织都是政府网站的建设主体。

2. 政府网站的服务对象

源于互联网的公开性和政府的职能定位，政府网站可向各类主体提供服务。从服务对象的空间分布上看，其服务对象遍及各国各地；从服务对象的身份属性上看，包括一般公众、企事业单位和各类社会组织、政府机关及其工作人员。

3. 政府网站的实质

相对于实体政府而言，政府网站是虚拟政府，是政府公开信息、提供服务的平台，因此它有三大功能：信息公开、在线服务和交流互动。政府网站的建设与发展以政府信息公开、政府组织与流程的重组和再造为基础，其核心内涵就是运用网络打破政府部门之间的实体组织界限，消除政府和公众之间的时空距离，实现政府的高效公开运作。一方面，通过政府网站，公众可以直接获取所需信息；另一方面，通过政府网站，与各类社会主体进行直接沟通，并根据公众的具体需求与形式需求，提供相关服务。就体系结构来说，地方政府门户网站是“电子政务前台—后台服务体系”的一个重要组成部分，与本级政府内网门户、行政服务中心以及服务提供方式和渠道等共同构成一个完整体系，是提高电子政务效能的关键环节。

（三）政府网站的外延

互联网的快速普及为政府通过网站提供公共服务创造了条

---

① 杨冰之、郑爱军：《服务型政府网站的本质特征与表现形式》，《信息化建设》2008 年第 4 期。

件，而且各级政府都在不同程度上加大了网站建设力度，政府网站普及率普遍提升。随着互联网及新一代信息技术的发展，人们对政府网站提出了新的要求。

1. 政府数据开放

政府数据是指政府和公共机构依据职责所产生、创造、收集、处理和存储的数据。政府数据的开放有三层含义：一是政府数据应该可在线访问及获取，其格式应该是开放的、标准的；二是政府数据应允许再利用和传播；三是开放具有普遍参与性和非歧视性。

2015 年国务院发布了《促进大数据发展行动纲要》，对相关政策进行了梳理，提出在信息开放的前提下加强安全和隐私保护，制定政府数据共享开放目录，提出在 2018 年年底前建成国家统一的数据开放平台。

2. “互联网＋政务服务”入口整合

“互联网＋政务服务”是“互联网＋”战略的延续，是指以部门联网、信息共享和数据交换实现行政事项跨部门、跨地区、跨层级办理，让数据多跑路，群众少跑腿，通过互联网提供在线公共服务，提高公共服务效率，降低公共服务成本。

2016 年 9 月，国务院印发《国务院关于加快推进“互联网＋政务服务”工作的指导意见》（国发〔2016〕55 号），指出 2017 年年底前，各省（区、市）人民政府、国务院有关部门建成一体化网上政务服务平台，全面公开政务服务事项，政务服务标准化、网络化水平显著提升。2020 年年底前，实现互联网与政务服务深度融合，建成全国范围的整体联动、部门协同、省级统筹、一网办理的“互联网＋政务服务”体系，大幅度提升政务服务智慧化水平，让政府服务更高效，企业和群众办事更方便快捷。

3. 政务与新媒体衔接

2017 年 3 月，国务院办公厅发布《2017 年政务公开工作要点》，指导推动全国政务公开工作，首次对政务新媒体提出要求，从“更好发挥媒体作用”变为“管好用好政务新媒体”，明确开办主体责任，健全内容发布审核机制，强化互动和服务功能。近几年政府对于新媒体的应用逐渐深入，包括国务院的APP、一些重大举措和政府工作报告，都是通过新媒体以图文并茂的方式进行推介。这是网络时代政府管理创新的一个必然要求，让政府的信息和声音通过新媒体送达，让老百姓看得到、听得懂、能监督。

三　政府网站的定位

早期的政府网站，更多地被看作政府宣传其形象的“窗口”、连接政府与公众的“桥梁”，重点是信息发布和展示。部分政府部门开通政府网站，一方面，提供关于自身的一般性信息，如政府部门的职能介绍、领导介绍、政务新闻、相关政策法规、政府公告、政务监督电话等；另一方面，提供便民服务，如办事指南、审批程序、政府招标信息以及招考公务员的信息等，公众可以直接从网站下载表格和查询结果。这一阶段，政府网站作为政府发布信息的主要通道，以树立政府形象、公开政务内容为重点，基本上以静态页面为主。

随着服务型政府理念的深入，政府的门户网站不仅应提供公众所需的政务信息，还应在最大程度上使公众得到最便捷的服务。因此，政府网站应形成“信息公开、在线办事、公众参与”三大功能定位的共识。

2016年中共中央办公厅、国务院办公厅印发《关于全面推进政务公开工作的意见》（中办发〔2016〕8号），要求强化政府门户网站信息公开第一平台作用，整合政府网站信息资源，加强各级政府网站之间的协调联动，把政府网站打造成更加全面的信息公开平台、更加权威的政策发布解读和舆论引导平台、更加及时的回应关切和便民服务的平台。2017年国务院办公厅发布的《政府网站发展指引》（国办发〔2017〕47号）指出，要适应互联网发展变化，推进集约共享，持续开拓创新，进一步重新定位政府网站的功能，包括信息发布、解读回应和互动交流。政府门户网站和具有对外服务职能的部门网站还要提供办事服务功能，发挥好政务服务总门户作用。

政府网站的本质是服务，无论信息公开、在线办事、公众参与都是服务的一种形式。打破政府网站发展的瓶颈，就是从"互联网+"的视角对政府网站进行重新定位，让政府网站真正体现"互联网+"理念，提供真正有价值的在线服务，使政府服务惠及全民。

第二节　国外政府网站的发展

一　国外政府网站介绍

从世界范围来看，推进政府部门办公自动化、网络化和全面信息共享已是大势所趋。欧美等国家为提高其国际竞争优势，相继加强了国家信息基础建设，并规划用网络构建"电子政府"或"在线政府"，作为提高政府工作效率的重点，以建立一个以反映人民需求为导向，真正为公众服务的政府，并以更高效率的办事流程为人们提供更广泛、便捷的信息及服务。国外政府网站经过这么多年的发展，其特点与趋势如下。

（一）国外政府网站的总体特点

国外政府网站的总体特点主要体现在资源整合及以用户为导向方面。

1. 提高政府网站信息资源质量

国外政府网站将提供准确、安全的数据作为首要任务。它将非结构化的信息内容转化成结构化的数据，再采用相应的元数据规范对其进行描述，所有机构都采取相同的开放标准，并通过多种形式展示政府信息，通过多种渠道提供信息服务。

2. 整合与共享政务信息资源

充分利用现有资源，在政府内部、政府与公众之间用更高效的方式进行共享。采取通用的标准和架构，参与开源社区，充分利用众包模式，启动政府部门间可共用的解决方案；通过云计算、标准化的共享数据格式、术语格式、代码、符号、向公众开放应用程序接口（API）等方式，构建开放的用户环境；以增加便利性和提高效率为目标，将政府服务的价值链进行整体数字化。

3. 以用户需求为中心

从创造信息到管理信息，再到组织和展示信息，都以用户的需求为重。用户能在任何时间和地点获取最新的、准确的、有质量的信息；简化办事程序，用户能像使用私营部门服务一样，便利地使用政府部门提供的服务；应用已经高度市场化的数字化技术来设计以用户为中心的信息服务，并通过智能手机、平板电脑等终端向用户提供这些服务。①

（二）国外政府网站的发展趋势

国外政府网站的发展趋势主要体现在如何更好地为民服务方面。

1. 更加强调“以民众为中心”的理念

信息技术带来的最大影响之一就是缩短了信息提供者与接收者之间的距离。国外利用信息技术，通过政府网站增强民众参与政府政务的程度，及时获悉民众所需，以民众需求为导向，建设以民众为中心的政府网站。

2. 整合服务，实现“单一窗口”和“一站到底”

信息技术的发展使得民众对未来政府的期望不断提高，不仅仅要求服务质量得到提高，还要求获得服务的方式不断完善。

---

① 刘静岩、李峰、王浣尘：《政府门户网站的功能与具体定位》，《情报杂志》2005 年第 2 期。

为满足民众需求，国外政府不断调整和创新，结合政府网站，整合传统公共服务，建立“单一窗口”，提供“一站到底”的公共服务。

3. 消除“数字鸿沟”

在未来的政府网站建设过程中，国外政府将会积极致力于消除“数字鸿沟”，努力缩小“信息富人”和“信息穷人”之间的差距，使得每人都有获得信息及服务的权利。

二 典型网站介绍

政府网站已不是新鲜事物，尤其在发达国家，近几年积极推动政府网站建设，已取得明显成效，下面对美国、欧盟、新加坡及日本等国家的政府网站的现状进行基本介绍。

（一）美国

美国作为世界上信息技术领先的国家，其政府网站建设一直走在世界前列，积累了许多成功经验，形成了一个独特的政府网站建设模式。美国除了拥有全球最大的国家政府门户（first. gov）（如图 1 - 1 所示）以外，还拥有政府与公众的喉舌网站（白宫网站，whitehouse. gov），以及各州、市政府的门户网站等。

其主要特点有：

1. 最大限度地实现了服务项目统筹

网站统筹了美国联邦政府可以直接提供的所有公共服务项目。公众只要轻点鼠标登录联邦政府网站，就能够便捷地通过网站的指引和提示，获得所需要的政府公众服务。网站的服务对象全面覆盖，不仅包括公民，还包括企业和各级地方政府。

2. 构建了完善发达的政府网站体系

充分利用文本超链接、图像超链接等形式，把联邦政府网站与各州、各管理部门和各主要公共服务提供商之间直接相连。

3. 体现了简约实用的网站设计风格

美国联邦政府网站整体风格简约，在网站设计上最大限度地突出主要信息点，在网页上有人性化的提示标志，实现了搜索方式的便捷化，如图 1－1 所示。

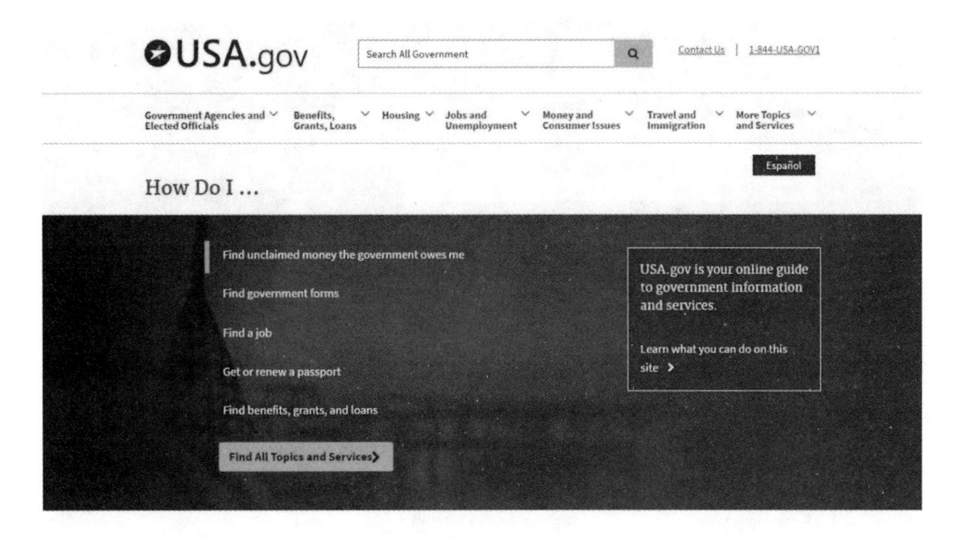

图 1－1　美国政府门户网站

4. 打造了公开高效的信息展示平台

联邦政府网站提供的信息力求全面、及时、准确。特别是对政府要员的演讲、活动和动态，相关信息资讯更新要迅速。此外，尤其重视和网媒的联系。①

（二）欧盟

欧盟各国的政府门户网站（见图 1－2）起步早，发展较为

---

① 王佩、孙建文：《国外政府网站建设及信息服务规范进展与启示》，《图书馆学研究》2015 年第 22 期。

成熟，在联合国发布的政府网站相关评估中排名大都位于前列，从设计理念到内容构架等都处于国际领先地位。而今随着欧盟一体化程度日益加深，覆盖面更广、功能更加强大的统一的欧盟政府网站，正在建设完善之中。

图 1－2　欧盟政府门户网站

1. 小门户、大子站，人性化的网站设计，体现人本效率理念

子网站模式是欧盟等发达国家建设政府网站普遍采用的一种网站运营模式。对于欧盟等发达国家而言，由于其子网站发展已经相对成熟，大量的资源已经存在，门户网站主要通过既有资源的有机整合以满足用户对特定服务的需求。以英国政府门户网站为例，它按照网络资源目录的思想进行设计，首页按照应用主题和用户对象进行主题组织分类，各主题下整合了大量相关的子站资源，形成一个聚类目录以方便用户检索，为其

获取相关服务提供便捷的通道。此时门户网站本身实际并没有包含多少服务内容，诸多服务项目通过引导，最终都在各子站中实现，从而呈现出来的是“小门户、大子站”的格局。

2. 丰富的网站内容和多样的表现形式，创新信息发布方式

丰富的信息内容、多样的资讯形式、个性化的信息提供方式，是欧盟各国政府网站在信息组织发布方面的显著特点。这与中国政府网站通常所表现出来的信息更新不及时、内容单一不实用、网页文本格式枯燥、组织散乱、查找不便等大不一样，充分体现了先进政府网站的特色。

3. 清晰明了的服务框架，以用户为中心提供人性化服务

以服务作为网站的核心，这是欧盟各国政府网站的共同特征。通过将在线服务作为服务主体，以用户为中心打造人性化的服务框架，服务内容覆盖公民生活和企业生产的方方面面，组织形式根据各国习惯、用户需求各具特色，以人为本提供服务的网站服务理念，形成欧盟政府网站特点。

4. 畅通的政民对话渠道，保障公民参与监督的权利

通过政府网站，丰富政民对话的渠道；倾听公众的声音，引导公众参与政府决策，这是欧盟各国政府网站发展建设的一个重要目标。

（三）新加坡

新加坡从20世纪80年代起就开始发展政府网站，现在已成为世界上政府网站最发达的国家之一。新加坡政府门户网站（www. gov. sg）（见图1－3）从方便网站用户的角度出发，本着满足用户需要的思想进行服务类别的设置，按用户对象进行分类，其功能建设的特色主要体现在以下几个方面。

1. 功能提供体现以民为本、整合服务的在线服务能力

新加坡政府门户网站的一大特色是服务项目众多，内容充实，涵盖了政务、学习、医疗等方面。其政府网站从1999年开始出现整合趋势，根据公民的需要调整流程，一些业务不再按

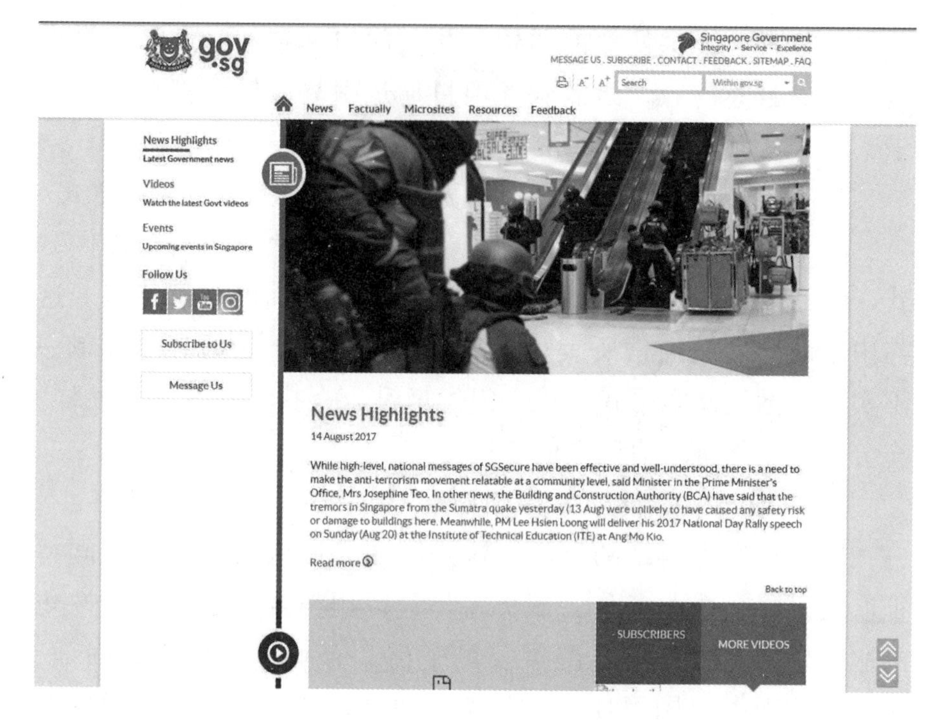

图 1－3　新加坡政府门户网站

照部门来设置，而是按照流程做打包处理。

2. 功能调用以快速、准确为原则

信息功能明确，减少重复点击和确认，提高网页链接的速度和准确性是衡量一个网站建设质量好坏的重要依据。新加坡政府门户网站在这一点上做得相当优秀。登录新加坡政府门户网站并点击相关链接时，网页显示的速度较快，且也能准确找到所需信息。

3. 功能分类以简明清晰、规划明确为特色

新加坡政府门户网站针对具有不同需求的人群，将网站划分为面向政务、面向商务、面向新加坡居民、面向非新加坡居民四类对象，并以此进行了标签分类式的首页设计。这种设计根据不同用户的需求，让用户各取所需，同时也使首页页面更

简洁（无须将大量信息罗列在首页）。①

（四）日本

当前，日本的政府门户网站（见图1－4）建设已经进入相对成熟的阶段，网站建设主要呈现以下特征。

图1－4　日本政府门户网站

1. 网站框架设计鲜明，人文特色凸显

政府网站是政府向公众提供政务信息服务的媒介与载体，良好的网站框架须以用户为中心，导航鲜明，重点突出，便于公众在最短的时间内查询出所需信息。日本各政府网站的主页均选择信息罗列型，即将各个主题信息资源分门别类地罗列在

---

① 赵海英、王婷：《新加坡政府门户网站功能建设的特色及启示》，《行政与法》2008 年第 8 期。

不同板块上。良好的网页界面，使网页内容在视觉上显得更加整齐、美观，并具有一定的引导功能。

2. 网站内容涵盖范围全面，主题丰富

随着信息时代的不断发展变革，日本政府做出了适合国情发展的具体措施，推动了日本政府信息的开发和利用。如东京政府网站在网页右下方设置了政府信息公开窗口，负责受理信息公开申请并提供政府信息公开的相关手续。同时，舆论调查、督政监察等板块的设置，也从其他角度主动为用户提供相关政府信息和数据，可检索各个行政单位的主要计划、重要的会议和工作的最新进展情况等内容。通过上述各项行政活动的透明公开，强化了用户对政府网站建设的信心，同时为政府信息的公开提供了良好的环境基础。

3. 政民互动形式的多样化

话题的选取视角多样化，既可以是特殊的节日话题，也可以是当前民众关心的话题。政府可通过博客、论坛、即时通信等多种新媒体来扩大其政府网站的影响。政府网站依托用户海量信息的及时反馈，积极听取民情、了解民意，在对信息进行适当处理的基础上做出正确的决策判断，以期符合广大群众的意愿，更好地实现政民互动交流。

4. 网站服务的人性化

随着国家的发展，人文设计理念的深入，政府部门逐渐意识到信息获取公平的重要性，为包括老年人、残障人士在内的所有人提供友好的网页界面，使其更方便地获取信息。随着移动上网设备的普及，手机网民数量进一步增长，手机等移动终端服务将成为未来政府门户网站发展的重要方向之一。

第三节　中国政府网站的发展

一　中国政府网站发展概况

中国政府网站的发展大概经历了三个阶段，即普及发展阶段、内容建设阶段、服务导向阶段，具体如下。

（一）发展阶段特征

1. 普及发展阶段（1996—2005 年）

这个阶段重要解决政府网站的有无问题，侧重于解决基础设施的建设问题，它的目标是提高各级政府网站的拥有率，初步形成中国政府网站的层级体系。①

1996 年，海南省政府开通国内第一个省级政府门户网站；1998 年，“青岛政务信息公众网”正式开通，成为中国第一家市级政府门户网站；1999 年，中国电信与国家经贸委经济信息中心联合各级政府部门召开“政府上网工程”启动大会，正式揭开政府网站建设迅速发展的序幕，因而 1999 年被称为“政府上网元年”。2002 年，中共中央办公厅、国务院办公厅转发《国家信息化领导小组关于我国电子政务建设指导意见》，提出“为适应业务发展和安全保密的要求，有效遏制重复建设，要加快建设和整合统一的网络平台”；2005 年，中华人民共和国中央人民政府门户网站（简称“中国政府网”，网址 www. gov. cn）试运行，并于 2006 年 1 月 1 日正式开通。中国政府网的正式开通，填补了中国政府网站层级体系中的空白，为各级政府网站的建设模式、功能设置和内容组织起到重要示范作用，是中国政府网站建设的一个重要里程碑。

截至 2005 年年底，中国政府网站普及率大幅提升，使用“. gov. cn”域名的政府网站数量近 2. 3 万个。② 96. 1% 的部委单位拥有网站，81. 3% 的地方政府拥有网站。绝大多数政府网站把政务信息公开作为“第一功能”；部委和省级网站的在线办事能力相对较好；各级政府在公众参与渠道建设方面有了较大进展。

---

① 杨道玲、王璟璇、童楠楠：《政府网站绩效评估：提升互联网 + 时代的政务服务效能》，社会科学文献出版社 2016 年版，第 2—10 页。

② 中国互联网络信息中心：《中国互联网络发展状况统计报告》，2006 年 1 月，第 6 页。

2. 内容建设阶段（2006—2011 年）

这个阶段主要解决的是网站内容的多少问题，发展目标是丰富内容，健全功能。在内容建设方面，主要有几个特征：第一个特征是信息公开、在线办事、公众参与；第二个特征是规范性显著增强，在线服务和参与互动的比例大幅度提升，网站重心由技术开发转移到内容梳理和群众互动上。

2006 年国务院办公厅印发《关于进一步做好中央政府门户网站内容保障工作的意见》，明确指出中央政府门户网站是国务院及国务院各部门、各省（区、市）人民政府在互联网上发布政务信息和提供在线服务的综合平台。2009 年工业和信息化部印发《政府网站发展评估核心指标体系（试行)》，围绕信息公开、网上办事、政民互动三个环节设置了 9 个指标，侧重对政府网站内容和服务数量进行考察。工业和信息化部不再委托评估机构开展全国性政府网站综合评估工作，按照“谁评估、谁公布、谁解释”的原则，鼓励有经验、有实力、有信用的评估机构开展政府网站绩效评估，向社会公布评估结果，并负责对公布结果的解释。2011 年 4 月，国务院办公厅颁布《国务院办公厅关于进一步加强政府网站管理工作的通知》，指出办好政府网站的关键在于及时、准确公开政务信息，倾听群众的意见，及时讲清事实真相、政策措施、处理结果。2011 年 8 月，中共中央办公厅、国务院办公厅印发《关于深化政务公开加强政务服务的意见》，提出重视政府网站建设，完善政府网站功能，扩大网上办事范围，及时更新信息发布内容。

截至 2011 年年底，使用“. gov. cn”域名的政府网站总数已超过 5. 1 万个。① 中央和省级政府网站普及率达到 100%，地市级达到 99. 1%，县级达到 85%。各级政府网站在公开信息、在

① 中国互联网络信息中心：《中国互联网络发展状况统计报告》，2012 年 1 月，第 25 页。

线办事、网上互动方面有一定程度的改善。但是，相对于用户的实际需求而言，中国政府网站还存在着管理水平偏低、服务能力不高的问题。

3. 服务导向阶段（2012 年至今）

这个阶段的重点是解决网站内容质量好坏的问题，发展目标是提升政府网站的服务水平，满足公众的各种需求。这个阶段主要有三个特征：第一个特征是站在服务对象的角度，政府网站已经成为普遍性的服务渠道，内容和功能也得到大多数社会公众的认可；第二个特征是站在网站内容的角度，网站的信息和服务极为丰富，基本上可以覆盖大多数用户和企业的需求；第三个特征是站在电子政务建设角度，电子政务促进政府业务流程的再造、职能转变。

2012 年工业和信息化部发布了《国家电子政务“十二五”规划》，提出要“促进政府信息公开，推动网上办事服务，加强政民互动”，“强化政府网站应用服务”，并要求“开展绩效评估和考核，大力提升政府网站的服务能力”。2014 年国务院办公厅发布《关于加强政府网站信息内容建设的意见》，针对一些政府网站信息发布不准确、内容更新不及时、意见建议不答复等问题，提出加强政府网站信息发布工作能力、提升政府网站传播能力、完善信息内容支撑体系等要求。

截至2016 年年底，中国使用“. gov. cn”域名的政府网站总数已达 5. 3 万个。[①] 总体来讲，绝大多数政府网站正处在内容导向阶段，部分领先的政府网站，如北京、上海、深圳、青岛等正从内容导向型到服务导向型过渡，目前这些政府网站的服务内容已经非常丰富。以用户为中心，以服务为导向，坚持服务型导向应该是中国政府网站下一个阶段的发展重点。

① 中国互联网络信息中心：《中国互联网络发展状况统计报告》，2017 年 1 月，第 7 页。

（二）总体发展水平

中国政府网站经历多年发展，服务水平已经显著提高，服务内容也逐步丰富，具体体现在以下几个方面。

1. 初步形成数量大、分布广的政府网站体系

统一的国家政务网络框架初步形成，网络覆盖面大幅提高。截至目前，从中央到省、市、县、乡镇各级政府及政府所属部门，基本都开办了政府网站。[①] 据中国互联网络信息中心（CNNIC）发布的第39次《中国互联网络发展状况统计报告》显示，截至2016年12月，全国共有“.gov.cn”域名53546个。在中央层面，各部门业务信息化覆盖率稳步提升，并逐步实现全业务、全流程、全覆盖。在地方层面，地方各级政务部门核心业务信息化覆盖率逐步提升，应用不断深化，有效支撑了各地政府各职能部门履职。以中央政府门户网站为龙头，各地区各部门政府网站为支撑，基层政府网站为基础，遍布全国上下各级政府的政府网站体系已经初步形成。

2. 政府网站成为信息公开的第一平台

政府网站紧紧围绕党和政府工作中心以及公众关切，推进重点领域信息公开，加强信息发布、解读和回应工作，强化制度机制和平台建设，统筹运用政府网站、政府微博微信、政府公报等发布信息，充分发挥广播、电视、报刊、新闻网站的作用，提高发布信息的影响力。

3. 政府网站服务水平不断提高

国务院办公厅2017年2月发布的《2016年第四次全国政府网站抽查情况的通报》显示，在随机抽查的各地区和71个国务院部门共7535个政府网站中，总体合格率为91%。其中，国务院部门（含内设、垂直管理机构）政府网站抽查合格率为

① 杨道玲：《我国电子政务发展现状与“十三五”展望》，《电子政务》2017年第3期。

97.2%，各地区政府网站抽查合格率为90.8%。政府网站普遍建立了网上信访、领导信箱、在线访谈等网上互动栏目，听取群众意见建议并给予答复，公众通过政府网站参政议政的渠道更加畅通。大部分的政府网站采用专业的网站平台和内容管理软件作为支撑，已实现从技术导向到内容导向的过渡。

4. 积极运用新媒体工具开展政务信息服务

运用新媒体是新形势下贯彻党的群众路线、密切党群关系、提升执政能力的重要方式。自2015年以来，政务新媒体实现了突飞猛进的发展，“两微多端”已成为政务新媒体发展的趋势，“两微”指微信、微博，“多端”即多种移动新闻客户端。《2016年人民日报·政务指数微博影响力报告》显示，截至2016年年底，新浪微博平台认证的政务微博达到164522个。其中，政务机构官方微博125098个，比前一年增长9%；公务人员微博39424个，比前一年增长5%。《中央部委办局政务APP评估报告》显示，截至2016年4月，已有至少26家中央部委办局开通了35个APP。然而，中央部委办局APP仍存在下载量少、平移官网内容、版本更新缓慢等问题，APP与政务服务的整合有待加强。腾讯发布的《2015年度全国政务新媒体报告》显示，2015年中国政务微信公众号数量已突破10万，各级政府的微信公众号应用体系已经基本形成。

二　中国政府网站发展基本形势

随着技术的发展，中国政府网站发展既有发展的新契机，也有发展的新要求，从宏观与微观层面主要有以下几方面的体现。

（一）宏观形势

“十三五”时期，中国政府网站建设将面临前所未有的重大机遇。从全球来看，信息技术的发展及政府治理模式创新为中国政府网站建设提供了有利的外部环境；从国内来看，建立在数十年发展基础上的政府网站又迎来政府深化改革的新契机。

1. 信息革命持续演进为政府网站发展提供强大的技术支撑

当前，全球信息技术革命持续演进，政府网站建设所依托的信息技术正面临重大飞跃，以大数据、云计算、物联网和移动互联网等为代表的新一轮信息技术变革浪潮风起云涌，不仅对产业发展、商业模式、媒体传播、金融服务等领域产生强烈冲击，同时也深刻改变了信息化发展的技术环境及条件，为政府网站建设提供了更为强有力的技术支撑，为提高政府管理效能、更好地服务于公众提供了机遇。应用大数据技术，创新社会管理方式，改进管理决策，促进政务服务智能化应用，实现精细化管理、科学化决策、智慧化服务。应用云计算，政府不仅可以节省资源、减少重复建设，还可以拓宽信息资源汇集渠道，提升公共服务的效率和效果。应用移动互联网技术发展移动政务，将为政府日常办公提供随时随地的信息支持。

2. 党中央、国务院为信息化和政府网站建设提供一系列制度红利

新一届政府执政以来，积极顺应世界潮流，高度重视信息化和电子政务发展，在组织领导、战略布局、政策发布等方面均为政府网站建设提供了强有力的制度保障。从政府改革层面看，新一届政府对建设创新政府、廉洁政府、法治政府提出了更高的要求，转变政府职能、简政放权的力度明显增强，这些工作都需要政府网站做好支撑。从信息化发展层面看，国家把推进信息化、建设网络强国的战略部署与“两个一百年”的奋斗目标和实现民族复兴的“中国梦”紧密相连，信息化的战略地位前所未有。

（二）微观形势

1. 互联网的快速发展对政府网站服务响应能力提出更高要求

随着互联网信息传播方式的变革和中国网民群体的逐步成熟，互联网上信息交互的格局悄然发生变化，社会公众对政

府工作知情、参与和监督意识不断加强，对各级行政机关依法公开政府信息、及时回应提出了更高要求。政府网站是政府在互联网上建立的沟通社情民意的重要渠道，提供了诸多网上公共服务。但由于政府网站与各类互联网传播平台结合不够紧密，尚未充分融入互联网，面对微博、微信、论坛的出现，政府网站在网络覆盖面和传播力度方面均显不足，无法充分发挥政府网上信息的正面引导作用，尽管部分政府开通了微博、微信，但在及时性、回应性等方面还远远无法满足公众需求。这就要求各级政府网站快速准确把握社会热点话题，积极主动倾听群众意见，稳步增强政策制定和执行过程中的良性互动，创新政府网站回应方式，快速提高政府网站的服务响应能力。

2. 用户需求对政府网站的“供给导向”服务模式提出挑战

近年来，中国互联网用户规模呈现爆炸性增长的态势，要求政府必须重视互联网上新的社会群体，充分发挥政府门户网站的服务功能。十多年来，中国政府网站采取的是“供给导向”的发展模式，主要解决各级政府网站从无到有的问题，但是随着中国政府网站的进一步发展，供给导向的模式已经越来越不能适应形势发展的需要，深化应用和突出服务逐渐成为重心。这凸显了中国政府网站建设“喜忧参半”的现状：一方面，中国各级政府网站拥有率稳步提升，在服务功能和内容建设上有了很大进步；另一方面，政府网站在服务覆盖面、实用性、有效性上与公众需求仍存在较大差距。要解决这个问题，政府网站就必须从现有的“供给导向”模式转向更加以人为本的“需求导向”模式，建立服务供给与用户体验之间正向激励的良性循环。

3. 互联网大数据的普及促进政府网站发展模式的创新

国家“十三五”规划明确提出要“实施国家大数据战略”，要求把大数据作为基础性战略资源，加快推动数据资源开发应用和共享，助力产业转型升级和社会治理创新。随着中国大数据理念的深入和应用的普及，政府为民服务的大数据时代业已来临。利用大数据技术和理念，确保网民能获取更多更好的政府信息，为网民提供更为精准的服务，成为信息化条件下建设服务型政府的重要内容。如果政府网站不主动引入大数据理念，就难以满足广大公众日益增长的需求，政府与用户之间的鸿沟也将越来越大。解决这一问题的关键，就是转变政府网站发展方式，基于政府网站大量用户访问数据的综合分析，根据用户行为习惯，优化网站的页面和服务，注重从用户需求的视角整合网站资源，为用户提供更为优质的网上服务。

（三）政府网站发展面临的新形势

近年来，互联网、云计算、大数据、移动互联网以及社交媒体应用的快速发展，进一步推动了政府网站建设模式的创新。因此，如何利用新技术创新政府网站，为社会公众提供智能化、个性化的服务，是当前中国政府网站亟待解决的问题。

三　中国政府部门促进政府网站发展的相关工作

中国各级政府部门都非常重视政府网站的发展，在促进政府网站发展方面，出台了相关的政策文件，进行了相关的普查工作，并引入第三方评估机构对行业内政府网站绩效进行了评估。

（一）出台政府网站建设管理政策文件

随着政府网站的快速发展，党中央、国务院对政府网站的建设高度重视。2015 年，国务院办公厅开展了第一次全国政府网站普查工作，彻底清查政府网站“僵尸”“睡眠”现象，被公认为是对全国政府网站开展的一次全面的体检。2017 年第一季度，全国正在运行的政府网站 43143 家。国务院办公厅政府信息与政务公开办公室随机人工抽查各地区和国务院部门政府网站 469 个，总体合格率为 91%。

2017年6月，国务院办公厅发布的《政府网站发展指引》（国办发〔2017〕47号）指出，要适应互联网发展变化，推进集约共享，持续开拓创新，到2020年，将政府网站打造成更加全面的政务公开平台、更加权威的政策发布解读和舆论引导平台、更加及时的回应关切和便民服务平台，以中国政府网为龙头、部门和地方各级政府网站为支撑，建设整体联动、高效惠民的网上政府。

中国政府网站的发展迎来了新一轮的热潮，为此，国务院各部门及直属机构纷纷制定并发布了本行业政府网站相关管理办法，如《水利部门户网站信息发布管理办法》（水办〔2009〕172号）、《中国林业网管理办法》（林办发〔2010〕185号）、《农业部门户网站管理办法（试行）》（农办市〔2011〕18号）、《交通运输部政府网站管理办法》（厅科技字〔2012〕316号）、《国土资源部门户网站管理办法》（国土资厅发〔2014〕7号）、《国家安全监管总局政府网站信息发布管理办法》（安监总厅宣教〔2016〕113号）等。国家税务总局分别于2007年和2015年印发了《关于加强税务网站建设和管理工作的意见》（国税发〔2007〕75号）、《关于加强税务网站建设的实施意见》（税总发〔2015〕69号），加强税务网站的建设和管理工作。

国家商务部政府网站在国务院委托第三方机构开展的政府网站绩效评估活动中，成绩一直是名列前茅，并陆续制定出台了《访问量通报制度》《内容更新提醒制度》《公众留言处理制度》《对外公开文件上网制度》《部领导子站内容维护制度》以及《内容审核把关制度》六项政府网站管理制度。另外，还在部门网站首页开设了政府网站管理专栏，集中发布商务部政府网站宗旨使命、发展目标、功能定位、管理规定、工作通报、访问统计、信息统计、管理制度和技术规范。

（二）开展行业政府网站绩效评估工作

在国家层面，由中国软件评测中心、国脉互联等专业机构组织开展的全国政府网站绩效评估工作已经连续开展了多年。不可否认，开展政府网站绩效评估工作，能够正确引导各级政府网站的发展方向，发现在现阶段所存在的问题，以及找到解决现有问题，进一步深化发展的方法。为此，国家林业局、文化部、交通运输部、水利部、环保部等国家部委也在各自行业内组织开展了政府网站绩效评估工作，并取得了一定的成绩。

1. 全国林业网站绩效评估

近年来，中国林业信息化的发展，随着信息化浪潮的涌动，正在由数字林业向智慧立业发展，而国家林业局政府网站——“中国林业网”作为中国林业智能门户，也是林业信息化发展的重要组成部分。从2010年开始，国家林业局每年都会开展全国林业信息化发展水平评测工作，并编撰出版《中国林业信息化发展报告》，全面总结上一年度全国林业信息化建设进展、政策措施、最新技术、典型案例等。

2010年12月，国家林业局办公室印发了《全国林业网站绩效评估标准（试行）》和《全国林业网站绩效评估办法（试行）》。评估标准从“信息公开”“在线办事”“公众参与”“网站管理”“网站设计”五大一级指标，确立了各司局、各直属单位以及各省级林业网站评估指标体系及评分标准，用于全面评估中国林业网站建设和发展情况。同时，评估办法也规定了每年的12月由国家林业局信息办统一组织，聘请有关技术人员或专家，必要时邀请第三方机构，开展评估工作。

2. 文化部政府网站群绩效评估

文化部政府网站群经过近几年的发展，已经形成以“文化部政府门户网站”为主，覆盖28个省级文化部门网站、文化部各直属单位网站以及文化部司局子站。自2011年开始，每年度由文化部办公厅与文化部网络安全和信息化领导小组办公室组织开展“文化部政府网站绩效评估”活动。

2016年11月，2016年度文化部政府网站群绩效评估报告会以视频会议的形式在北京召开，会上发布了2016年度文化部政府网站绩效评估结果，并对表现优秀的山东省文化厅、国家图书馆等25家单位给予表彰。

3. 交通运输行业政府网站绩效评估

交通运输部遵循“统一领导、归口管理、分工协作、各负其责”的原则，不断加强和规范政府网站的建设与管理。从2010年至2016年，连续6年委托第三方专业机构开展了“交通运输行业政府网站绩效评估”工作。

2017年7月，交通运输部办公厅印发了《关于开展2017年交通运输行业政府网站绩效评估工作的通知》（交办科技函〔2017〕1000号），继续委托中国软件评测中心开展2017年交通运输行业政府网站绩效评估工作。此次评估范围涵盖32家地方交通运输主管部门政府网站、4家部直属有关机构网站和14家直属海事机构政府网站。评估指标方面，设置了“阶段性评估指标”“年终考核指标”“加分项指标”和“减分项指标”，全面评估交通运输行业政府网站建设和管理情况。

4. 省级环保厅（局）政府网站绩效评估

国家环境保护部政府网站群已经开始着手建设，至今已经形成一定规模。2016年6月，环保部网站进行了全新改版，新版网站更加突出“以服务公众为中心”理念，不再按过去以业务部门为主线组织栏目，进一步强化信息公开、互动交流、公众服务网站三大功能。

自2007年开始，环境保护部办公厅每年都会采用网络访问、用户体验、人工核查、安全扫描和专家评议相结合的方式，组织开展省级环保厅（局）政府网站绩效评估工作。2016年是连续第10年开展，该年度指标体系主要从信息公开、在线办事、互动交流、回应关切、网站建设与管理、上下联动和特色服务等方面，对各省、自治区、直辖市环保厅（局）政府网站进行全面评估。

5. 水利行业政府网站统计调查与测评活动

国家水利部网站于1999年正式投入使用。2009年，在水利部网站开通运行十周年之际，水利部办公厅组织开展了“水利行业政府网站统计调查与测评活动”，内容包括用户问卷统计调查和网站测评。

此次测评主要采用网站人工测评、调查问卷、模拟用户、实际体验等方法，指标体系包括信息公开、在线服务、公众参与、网站设计、网站管理、特色六大模块，涵盖了一级指标6个、二级指标14个和三级指标45个。2009年12月，发布了水利行业政府网站测评结果通报。

四　中国省级政府促进政府网站发展的相关工作

由于国家层面的政府网站绩效评估针对各级政府网站进行全面评估，因此各省级政府为整体提升本省各级政府网站的建设水平，逐步采用政府网站绩效考核或引入第三方机构专业评估政府网站绩效。

（一）出台政府网站建设管理政策文件

实际上，在政府网站建设初期，各省级政府就已经制定了政府网站相应的管理办法，如《海南省人民政府门户网站管理办法》（琼府〔2006〕57号）、《江西省政府网站管理办法》（赣府厅发〔2011〕49号）、《湖南省政府网站管理办法》（湘政办发〔2012〕99号）、《广东省政府网站管理办法》（粤府办〔2012〕114号）等。另外，广东省在2015年制定了《广东省政府网站考评办法》（粤办函〔2015〕555号），将政府网站考评工作纳入各地、各部门领导班子、领导干部落实科学发展观、政府绩效考评体系。

自2015年开始，各省级政府纷纷出台政府网站建设管理的政策文件，进一步规范政府网站建设，加强政府网站信息内容发布，如《北京市人民政府办公厅关于进一步加强政府网站信息内容建设的实施意见》（京政办发〔2015〕12号）、《山东省人民政府办公厅关于加强政府网站信息内容建设的实施意见》（鲁政办发〔2015〕18号）、《广东省人民政府办公厅关于推进基层政府网站集约化建设的通知》《江苏省政府办公厅关于促进政府网站有序健康发展的实施意见》（苏政办发〔2017〕96号）、《四川省人民政府办公厅关于进一步提升全省政府网站质量的通知》（川办函〔2016〕202号）等。

（二）开展行业政府网站绩效评估工作

1. 山东省

山东省各级政府网站经过近20年的发展，已经形成以“中国·山东”政府门户网站为主，省政府部门、市、县各层级全面覆盖的政府网站体系。各级政府网站从最初单纯的信息发布平台，已经逐步发展为集信息公开、网上办事、政民互动三大功能于一身，用户体验并行的政务交互平台。

为引导省、市、县各级政府网站提升建设质量，加强服务能力，提高网站整体应用水平，山东省信息化工作领导小组办公室从2007年开始，连续11年委托第三方评估机构开展了山东省政府网站绩效评估工作。根据历年评估结果，围绕服务型政府建设，山东省各级政府网站建设取得了显著成绩。

2. 广东省

根据《广东省政府网站考评办法》要求，自2015年起，广东省每年都会组织年度政府网站考评工作。政府网站的考评主要包括日常监测和年终考评两种方式相结合，日常监测主要是采用人工和计算机技术监测，对各级政府网站的内容保障情况和运行健康状况开展实施动态监测，对网站运维管理和电子政务支撑能力方面出现的问题进行预警纠错。年终考评主要是采取第三方专业机构评估和社会评价的方式，由第三方专业机构根据年度考评指标对各级政府网站进行评估，同时通过社会评价机制由公众对政府网站绩效进行评价。

3. 陕西省

2010 年，经陕西省政府同意，决定开展全省政府网站绩效评估工作，并下发《关于开展全省政府网站绩效评估工作的通知》（陕政办发〔2010〕122 号）。从 2010 年起，每年持续开展政府部门、专业机构和社会公众共同参与的全省政府网站绩效评估工作。评估结果由第三方专业机构评估和省政府主管部门检查两部分组成。

陕西省网络与信息安全测评中心（以下简称测评中心）作为省内专业机构，按照科学规范、客观公正、严谨高效的原则开展评估。评估过程由设计指标体系、下发指标整改、依据指标评估和分析编制报告四个阶段组成。评估方法采用人工评估、模拟用户评估、工具测试评估、自查评估和检查统计相结合。开展政府部门、专业机构和社会公众共同参与的政府网站绩效评估工作，对实现“互联网 + 政务服务”，让居民和企业少跑腿、好办事、不添堵的目标，进一步提升政府网站的建设和管理，保障公众的知情权、参与权、表达权和监督权，提高政府的社会管理和公共服务水平，促进法治政府和服务型政府建设具有重要作用。

4. 福建省

2007 年，福建省提出了全省政府网站绩效考核评价体系，并且从 2007 年开始，福建省经济信息中心坚持“以评促建、以评促用、以评促管”的原则，到 2016 年，已经连续十年承担了全省政府网站绩效考核工作，考核同样采用日常监测和年底综合考核两种方式。经过长期以来的评估促进作用，福建省各级政府网站建设也取得了显著的成效。

2013 年，为创新全省政府网站绩效考核方式，开发建设了福建省政府网站绩效考核信息管理系统。该系统具有用户管理、对象管理、指标管理、数据管理和统计分析等功能，可以为全省政府网站绩效信息管理提供网络化、数字化的管理手段，实现从原有以线下考核为主到线上考核的转变，进一步确保考核的公平、公正、公开和考核数据的永久保存，方便对考核数据进行有效的统计分析。

第四节　政府网站主要内容

根据政府网站的定位，政府网站的主要内容包括信息公开、网上办事和政民互动三大部分。随着互联网的发展，场景化思维模式酝酿蔓延，网站建设更加注重个性化的用户体验，政府网站的建设也更多围绕用户的实际情况和使用习惯展开。

一　信息公开

政府网站作为连接政府与公众的重要信息窗口，“以公开为原则，不公开为例外”，除涉及国家秘密、商业秘密和个人隐私以外的政府信息，全面向社会主动和依申请公开，是政府信息公开的第一平台。政府网站的“信息公开”重点强调政府网站公开信息的全面性和实效性，并兼顾准确性与完整性。①

信息理论界有句流行的名言，即“政府占有社会信息资源的80%”，政府网站的建设是解决政府信息资源充分有效开发利用的重要途径之一。政府网站建设初期，内容主要是以政府基本职能和工作动态信息为主，只是作为信息发布的一个窗口，缺乏对信息资源的深度整合。2007年，国务院第165次常务会议通过并公布了《中华人民共和国政府信息公开条例》（国务院令第492号），并自2008年5月1日起施行。依照条例规定，政府网站是信息公开最主要的渠道之一，至此开启了政府网站信息公开平台的时代。

---

①　张向宏、张少彤、王明明：《中国政府网站的三大功能定位——政府网站理论基础之一》，《电子政务》2007年第3期。

2011 年 3 月 23 日，国务院常务会议决定，将中央部门的“三公”经费支出情况纳入中央财政决算报告，并通过政府网站向社会公开。据此，90 多家中央部门公布了2010 年“三公”经费支出决算和 2011 年预算情况。紧接着，自 2012 年起至 2015 年，国务院办公厅连续四年每年发布当前政府信息公开工作要点，公开覆盖范围从最初的八大重点领域，逐步增加行政审批信息、公共行政权力运行信息、公共资源配置信息。2015 年，明确要求地方各级政府公开行政权力清单，并且棚户区改造建设项目、国有企业、社会组织和中介机构信息也首次纳入公开范围。

2016 年 2 月，中共中央办公厅、国务院办公厅印发了《关于全面推进政务公开工作的意见》（中办发〔2016〕8 号）（以下简称《意见》），开启了全面推进政务公开的新时代，而政府网站越来越扮演着至关重要的角色。《意见》明确强调，要强化政府门户网站信息公开的第一平台作用，并将政府网站打造成更加全面的信息公开平台。政府网站信息公开的主体和内容进一步扩展和深化，公开主体从行政机关扩展到国家整个公权力，公开内容也开始由行政权运作的静态信息向公权力运作的动态信息转变，逐步覆盖权力运行全流程和政务服务全过程。

现阶段，随着互联网的普及，整个社会已经跨入大数据的时代，而大数据时代继“政府信息公开”和“政务公开”后，也给政府数据开放提出新的要求。为此，《意见》提出了“加快建设国家政府数据统一开放平台，制定开放目录和数据采集标准，稳步推进政府数据共享开放”，推进政府数据开放，健全社会利用机制，也是今后一段时期内政府网站信息公开建设的重点方向之一。

二　网上办事

大力发展政府网上办事服务是新时期加快转变政府职能、建设服务型政府的必然要求。按照服务对象的不同，网上办事服务可以分为政府机构内部政务办事交流平台（Government to Government，G2G）、政府对企业服务平台（Government to Business，G2B）和政府对公民的服务（Government to Citizen，G2C）。

服务是电子政务的核心，面向企业和公众提供公共服务也是政府网站的核心内容。政府网站的网上办事服务内容以行政事项为重点，以公共服务为补充，政府网站“一站式”服务逐渐成为政府在线服务的新模式。2014 年，《国务院办公厅关于促进电子政务协调发展的指导意见》（国办发〔2014〕66 号）也提出要“围绕简政放权，梳理权力清单，强化权力全流程网上运行”。

2015 年 11 月，《国务院办公厅关于简化优化公共服务流程方便基层群众办事创业的通知》（国办发〔2015〕86 号）提出了“简化办事环节和手续，优化公共服务流程，全面公开公共服务事项，实现办事全过程公开透明、可追溯、可核查”的要求。李克强总理在 2016 年全国两会的《政府工作报告》中也提出要“大力推进‘互联网 + 政务服务’，实现部门间数据共享，让居民和企业少跑腿、好办事、不添堵”。政务服务正在迈向“互联网 + 政务”的新时代。

2016 年 9 月，国务院印发了《关于加快推进“互联网 + 政务服务”工作的指导意见》（国发〔2016〕55 号），提出 2020 年年底前，建成覆盖全国的整体联动、部门协同、省级统筹、一网办理的“互联网 + 政务服务”体系，大幅提升政务服务智慧化水平，让政府服务更聪明，让企业和群众办事更方便、更快捷、更有效率。

近年来，随着云计算、大数据等新一代信息技术的发展，“政务服务网”“网上办事大厅”“网上行政服务中心”以及政务微博、微信、政务客户端的相继涌现，政府网站“网上办事”功能的定位和作用也在发生着潜移默化的转变。现阶段，不少省市已经开始全省政府服务“一张网”的建设，政府网站未来将需要与政务服务网进行资源互用、数据互通，以此来减少重复建设。①

三 政民互动

互动交流是政府网站满足用户参与需求的重要功能，任何一项重大决策，若没有公众参与，注定行之不远。因为这样不仅易使公众产生误解或质疑，还给政府形象和公信力造成不良影响。政府网站应切实发挥政策解读宣传、政民互动交流的强大功能，为转变政府职能、提高管理和服务效能，推进国家治理体系和治理能力现代化发挥积极作用。

中办发〔2016〕8号文件也提出要将政府网站打造成更加权威的政策发布解读和舆论引导平台、更加及时的回应关切和便民服务平台。政府网站在建设与发展中，应当紧密围绕部门重点工作和公众关注的热点问题，增强互动栏目建设，为公众提供便捷、及时、有效的参与机制。

政府网站政民互动的主要形式包括：咨询信箱、领导信箱、热点解答、交流论坛、调查征集和在线访谈等。咨询信箱、领导信箱、交流论坛，能够主动接受公众建言献策和情况反映；在线访谈、热点解答栏目，能够围绕政府重点工作和公众关注热点展开互动；调查征集栏目，能够在政府重要决策方面征集公众的意见和建议，为决策提供参考。全国政府网站普查的目的之一也是解决一些政府网站存在的群众反映强烈的“不及时、不准确、不回应、不实用”等问题。

2016年8月，国务院办公厅印发了《国务院办公厅关于在政务公开工作中进一步做好政务舆情回应的通知》（国办发

---

① 中国社会科学院信息化研究中心、国脉互联政府网站评测研究中心：《2016年中国政府网站发展研究报告》，2016年11月，第113页。

〔2016〕61号），对各地区各部门政务舆情回应工作做出部署。要求对涉及重大突发事件的政务舆情，要快速反应、及时发声，最迟应在24小时内举行新闻发布会。同时，对出面回应的政府工作人员，要给予一定的自主空间，宽容失误。

当前，互联网正在改变公众的思维方式、行为方式和生活方式，政府网站建设要适应网络时代传播方式的变革。社会主体日益年轻化，现代生活节奏日趋加快，政务新媒体的出现，有利于公众充分利用碎片化的时间，应用新媒体获取政务信息。根据统计，截至2016年12月，经过新浪平台认证的政务微博达到164522个，其中政务机构微博124098个，公职人员微博39424个。① 各地区各部门积极加大政务新媒体宣传力度，改变单向传播特征，建立常态化的新媒体政民互动机制，丰富政民互动内容，扩大公众的知情权、参与权和监督权。

四　用户体验

根据ISO 9241－210：2010的定义，所谓“用户体验”，是指“人们对于针对使用或期望使用的产品、系统或者服务的认知印象和回应”。《意见》中，对于政府网站和政务新媒体，也是首次提出了用户体验的概念：“充分利用政务微博微信、政务客户端等新平台，扩大信息传播，开展在线服务，增强用户体验。”政府网站的用户体验主要包括网站视觉效果、功能易用性和界面友好度等方面。

政府网站建设过去给人的印象，一直是模式化和同质化。中央人民政府门户网站建成后，几乎成了地方政府网站建设的“模板”，个性化设计明显不足。近几年，随着互联网的发展，政府网站也开始逐步重视视觉效果，围绕网站主题，对网页的

① 中国互联网络信息中心：《中国互联网络发展状况统计报告》，2017年1月，第74页。

布局版式、色彩色调、动画图片、多媒体等页面元素统一进行个性化设计，有效提升了政府网站的视觉效果。同时，场景式服务、智能化检索、无障碍浏览服务也逐步成为政府网站的必备要素之一。

政府网站场景式服务是指政府网站针对特定服务主题，模拟用户办事的实际情况，主动为用户提供服务的一种方式。它是一种新的政府网站的服务模式，其目的是为用户提供人性化、个性化、专业化的服务。政府网站场景式服务在2005年以前就已经有部分政府网站在探索了，后随着西安市政府、“首都之窗”“深圳政府在线”等场景式服务模式的开展，到2008年，已经有60%以上的政府网站初步应用了场景式服务。

搜索是政府门户网站的重要功能，也是衡量政府门户网站服务能力的重要指标。信息查找的便利性是影响用户体验的重要方面之一，从网站内容到网站逻辑结构等方面，智能检索是解决这一问题的关键所在。政府网站的检索功能经历了传统搜索、垂直搜索和智能搜索的阶段。[①] 随着大数据时代的到来，政府数据开放及社会利用机制的建设，也给政府网站的检索功能提出更高的要求，更加注重搜索结果的可用性和引导性、搜索行为的分析能力、搜索速度、结果定位、垂直检索、关联结果、跨库、跨网站搜索以及自学习等。

有研究表明，在对网站可访问性的需求方面，政府网站是排在首位的。[②] 2008年3月，信息产业部发布了《信息无障碍身体机能差异人群网站设计无障碍技术要求》（YD/Tl761—2008），这是中国首部无障碍标准。政府网站为以视障人士为主的身体机能差异人群和有特殊需求的健全人提供无障碍浏览服

---

① 王大山、赖科霞、梁建平：《智能搜索助力服务型政府门户网站建设》，《电子政务》2014年第6期。

② Andrew Potter, “Accessibility of Alabama Government Web Sites”, *Journal of Government Information*, Vol. 29, 2002, pp. 303 –317.

务，主要有无障碍网站浏览辅助功能版、无障碍网站语音朗读功能版、无障碍网站盲人语音版等形式的无障碍服务，拓展了服务群体，消除了残障人士和老年人士的数字鸿沟，保证了无论是健全人还是残疾人，无论是年轻人还是老年人，都能够从各级政府门户网站平等、方便、无障碍地获取信息和利用信息的权利。这充分体现政府“以人为本”、关爱弱势群体的执政理念和政府网上公共服务的人性化关怀。

第五节 政府网站建设模式

政府网站建设模式大概分为部门自建模式、网站群建设模式、集约化建设模式及社会化构建模式等，下面将对这几种模式做简要介绍。

一 部门自建

（一）概述

随着1999年政府上网工程和一批“金”字工程等的全面实施，各级政府部门纷纷开始投入大量资金进行网络基础设施建设。至此，各级政府也逐步形成“自建、自管、自用”的电子政务工程建设技术导向的模式和发展模式，建立起本部门独立的机房，独立建设本部门的政府网站。

（二）基本架构

政府网站的基本功能构件主要包括如下几个方面。

1. 网站域名

政府网站域名是政府网站的标识，具有唯一性，由若干部分组成，各部分之间用“.”隔开。其中，域名的最后一部分为顶级域名。目前，政府网站定义了两套完全不同的顶级域名：一是按网站所属机构的性质定义顶级域名；二是按国家定义顶级域名。

2. 网站介绍

它主要包括网站建设背景和栏目等方面的介绍。其中，有些网站在进行介绍的同时还会提供相关链接。

3. “帮助”的常见问题解答

其功能是解答浏览者浏览时可能遇到的一些基本的共性问题。其中，大部分是本网站的业务术语、技术术语和解决问题的路径与方法等。

4. 联系方式

它主要是提供网站建设者及管理责任者的联系地址、电话、电子邮件等。

5. 搜索工具

网站一般都提供多种搜索方式。普通搜索，一般通过一种或两种属性定位进行搜索，如通过关键词；高级搜索则都是多方定位及多点聚焦进行搜索，如关键词 + 时间 + 地区等。

6. 导航手段

导航的最大功能就是让浏览者知道“我在哪”“我去过哪”和“我能去哪”。网站的主体导航手段包括全局或整体导航，即主菜单导航、局部导航、微观语句导航。此外，网站地图、索引、指南等也具有导航作用。

7. 标识工具

标识即一类信息的代号和名称。页面中的链接文字、标题、导航词语与图形（标）等都是具体的标识工具。通过标识工具，浏览者可迅速找到目标信息。

8. 信息组织架构

它指的是网站的信息展示结构，通过各种信息的层次设置、顺序安排等具体体现，最主要的表现载体是信息导航系统。

9. 功能平台

这是政府网站信息公开、在线办理和互动的实现平台。就中国政府网站发展现状看，在此功能平台中，主要包括如下一些功能模块：信息公开区、在线管理与服务区、交流与互动区、热点区、专题区、快速浏览区等。

10. 相关链接

提供相关链接是实现网站“一站式”服务比较简单方便的方式。目前政府网站普遍都建立了与上下级政府网站、业务相关部门的网站的机械链接。从发展态势上看，政府门户网站已经初步具有政府部门网站的集散地的功能，是部门网站的枢纽。

（三）特点

过去政府部门对网站硬件设备均采取的是“分散投资，分头建设”的模式，由于缺乏统一领导和规划，各部门的网站自行构建，管理形式不统一，相互之间无法实现数据资源的共享，网站风格不统一，域名不规范，维护成本高。

整合是政府网站发展的必然趋势。政府网站的发展趋势应改变各自为政的状态，向技术统一托管给专业机构过渡，推行政府网站服务外包模式。网站不一定非要自己建，完全可以交给专业公司办，这样可以避免浪费、重复投资；技术更趋完善，确保服务功能得到落实；保证信息同步更新；在服务外包中提高政府网站的公信度和关注度。

二　网站群

（一）概述

政府网站群是指以政府门户网站为核心、以部门网站和所辖下一级政府的门户网站为基础，统一规划、统一标准，建立在统一技术构架基础之上的政府网站集群。通过网站群的建设，可以有效整合政府各职能部门网站的信息资源，实现各网站之间的互联互通、信息共享、协同应用。

政府网站群主网站和各职能部门子网站在基础设施、信息资源、技术、管理等方面都具有统一性，在标识、服务、栏目等方面具有共同的外在特征。通过建设统一的内容管理与发布服务平台、政府信息公开平台、网上办事服务平台和互动交流、全文检索、信息采集平台，可以更有效地提升政府形象，建设高效、便捷、亲民的服务型政府。根据业务协同的需要，网站间实现了网络技术平台的对接和业务应用系统的兼容，使多个网站协同工作，实现多站点统一管理、权限统一分配、信息统一导航、信息统一搜索等功能，消除信息孤岛，共享、共用集群的软硬件资源，有效降低投资成本，真正做到网上办事“一站式”和“一体化”，是政府网站群建设的目标。

（二）基本架构

政府网站群建设的主要内容是信息资源整合，应以应用为切入点，利用资源整合，提升网站的服务能力。通过整合信息，把原来掌握在不同部门之间的数据整合为政府信息资源库，通过整合信息，各部门信息资源共享，从而真正实现网上办事、与民互动。对于网站群建设中的不同功能模块，可以根据其功能及特点，采用不同的信息整合方式。

同构平台的信息资源整合。对于采用统一的网站群系统建立的子网站，市政府网管中心都会分配独立的二级域名。通过系统的共享、呈送、转移等功能，主网站与子网站、子网站与子网站之间可实现信息资源整合。考虑到不同部门、人员对栏目的维护责任范围不同，不同子网站的栏目信息可通过设置栏目权限关联实现双向流转。通过设置后，其他栏目可以获取该栏目内的信息，该栏目也可以同时向目标栏目进行信息的呈送。

异构平台的信息资源整合。对于异构平台网站的信息资源整合，可通过采用信息抓取系统，对相关网站进行监控，实时采集，发送至主网站相应栏目中进行信息二次处理，并进行外网发布，从而实现信息资源的整合。

政府信息公开系统与网站信息资源整合。网站系统与政府信息公开系统为两个独立的系统。为减少信息重复录入的工作量及系统间信息的一致性，两个系统间通过接口来实现。以政府信息公开系统中的信息为准，网站系统可以定期到政府信息公开系统中获取对应关系的信息，存入网站系统的数据库，以便在网站上展现。

互动平台的信息资源整合。网站互动平台是在政府门户网站上开设的一个供网上市民交流的平台，包括领导信箱、咨询投诉、建议提案、市民论坛、在线访谈、在线调查等，在网上受理市民提交的各类投诉、建议和咨询信息。在处理用户提交的信息上，系统能够将其统一、汇总到网站互动总平台，在后台进行统一的处理和反馈，形成政府统一的互动交流体系，顺利地实现用户与网站的交流、意见建议信息的反馈与处理，增加互动性。

（三）特点

网站群建设的优势显而易见，如资源共享、灵活部署等。

1. 集中建设

统一规划、统一部署，集中建设的网站群可以节省更多的资源投入。

2. 分级管理

各子网站管理员可以通过统一平台管理自己的网站内容，系统管理员则可以控制子网站管理员权限和功能，通过细致、完善的权限体系，实现子网站资源的独立与协同。

3. 资源共享

子网站内容可以实现与主网站的资源共享，实现一次录入、多处使用，包括信息、模板、媒体资源等，并以不同的表现形式出现。

4. 快速实施

通过灵活的模板套用方式，快速生成复杂的其他子网站。

5. 灵活部署

子网站既可以在主网站服务器上运行，也可以在各自独立的服务器上运行。主网站和子网站之间通过多种方式实现数据同步，增量更新。

三 集约化建设

随着网络技术的不断发展，电子政务应用的日益深化，政府网站已逐渐成为社会公众生活中不可或缺的获取信息和服务的平台。但当前中国政府网站建设情况并不规范，信息和服务内容的组织形式千差万别。从网站的建设经验发现，大多数网站信息和服务的解决方案由于规范上缺乏统一、服务目的性不明确，造成大多政府部门网站都独立建设、单独运行。这不仅造成资源浪费，而且增加了维护成本，增大了公众的使用难度，也影响了政府网站的形象。因此，为进一步促进资源集约与节约利用，提高网站服务质量和水平，应坚持进行网站整合，走集约化发展道路。

（一）概述

政府网站进行集约化建设的目的主要有以下几个方面。

1. 利用统一平台，节约建设和维护成本

通过政府网站整合，建立统一集中的政务网络平台、政府网站群 IDC 和网站群应用软件平台，形成“资源集约、信息集中、业务集成”的三集成模式，不再进行单独的部门网站建设，可大量节约建设和维护成本，同时也有利于提高政府网站的稳定性、安全性和可靠性。

2. 采用统一网站风格，提升用户满意度

通过政府网站整合，实现政府网站群页面风格统一化、隶属关系明确化、栏目设置规范化、用户体验人性化，进一步突出政府网站信息公开、公众参与、在线办事的三大服务职能，全面提升网民的用户满意度。

3. 基于统一系统，实现信息资源整合利用

通过建立的统一软件平台，更方便地实现政府网站信息内容的共享、交换与流通，提高信息的复用程度。同时，通过对政府在线服务的梳理与整合，采用“场景式服务”等模式，形

成定位明确、方便易用、内容丰富的服务功能，提高网站服务能力，实现政府网站的“一站式”服务。

4. 协调统一管理，提升组织保障效率

通过统一的软件平台，实现各政府部门对网站群日常运营工作的协同管理，优化政府在线服务的工作流程，明确网站群的内容保障及内容维护制度，进一步提高政府网站的服务效率与品质。

（二）基本架构

集约化建设即逐步形成以部门专栏为基础的政府网站建设体系；原则上不再单独建设部门网站，依托政府门户网站平台，完成部门专栏建设；对于单独建设技术平台的部门网站，根据实际需要逐步转移到统一的政府网站技术平台上。政府网站的集约化建设模型如图 1－5 所示。

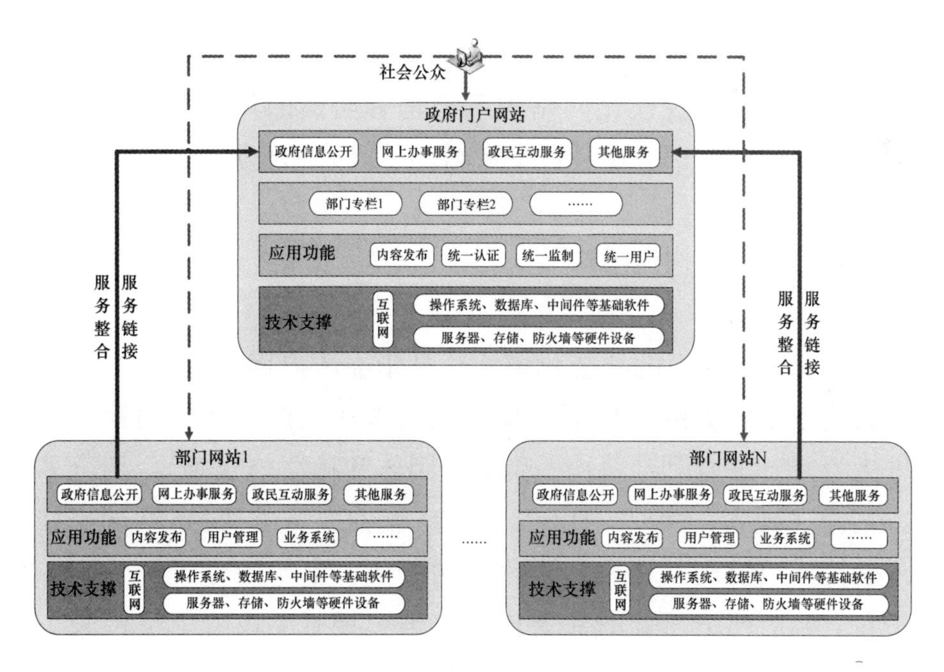

图 1－5　政府网站的集约化建设模型

从图 1－5 中可以看出，政府网站体系由政府门户网站和部门网站构成。部分政府部门通过在政府门户网站上设立部门专栏，发布、提供政府信息和服务；同时，也有部分政府部门仍通过独立建设的部门网站面向社会公众和企业提供服务。

在进行政府网站集约化建设的过程中，应逐渐减少部门网站数量，相应增加部门专栏数量，从而逐步实现一级政府只设立一个政府网站的理想化的建设模式，面向社会公众和企业提供一站式的网上服务。

（三）特点

整合更加彻底全面。服务对象更多，服务内容更全面，要求门户网站在各种应用集成上真正做到无缝对接。

多种发布渠道得以打通。作为服务公众的平台，需要为公众提供多屏（PC 多浏览器兼容、IOS 智能终端、安卓智能终端）、多渠道（WEB、微博、微信）的访问方式。

顶层架构规划完善。集群化建设，体系庞大，矩阵结构复杂。在进行集约化实施过程中，调整和修改往往会牵一发而动全身，因此要对规模化网站体系结构有明确的规划，形成规范的网站架构图谱，方便进行批量增加、修改和删除。

四　社会化构建模式

（一）概述

政府网站建设的社会化模式，是指在政府网站建设过程中，在政府中枢机关的主导下，政府积极主动地调动和利用社会多方力量（如非营利性机构、企业、团体和社会公众等），综合多方实力（理念、管理、资金、技术、信息、人才等），共同来推进和完成政府网站建设，让政府网站成为电子政务开展的有效平台。政府网站建设的社会化模式是一种基于政府中枢机关主导下的集合社会多方力量的协同建设模式。

具体来讲，可以从以下几个方面对这种社会化模式进行理解。

政府网站建设的社会化模式是在政府中枢机关主导下的社会化模式。这是因为电子政府工程是一项系统复杂的工程，它需要一个强有力的政府中枢机构来协调各种矛盾，理顺各种关系，改善相应的业务流程。作为电子政务工程基本建设内容之一的政府网站建设，也需要由政府中枢机构进行统一部署，做出整体安排。

通过这种模式建设的政府网站，应是一个能体现以公众为中心的网站。也就是说，社会化模式的协作不是简单的政府网站业务建设的协作，而是在电子政务理念层面上的广泛协作。

（二）基本架构

政府网站建设的社会化模式是一种基于政府中枢机构主导下的社会化协作模式。在这种协作模式中，政府中枢机构的主导地位是不可或缺的。作为政府部门来讲，应该在制度建设、组织建设等方面积极主动地发挥作用，让政府网站建设的社会化模式有制度和组织上的保障。

在中国政府网站建设过程中，政府部门要广泛听取不同的意见，克服官僚主义的影响，积极接受监督，以服务的精神来看待政府网站建设。政府网站建设的社会化模式是一种多维的、多层次的协作模式。它的协作既可以是同企业等机构进行技术、资金方面的协作，也可以是同个人的知识、信息的协作。因此，在构建这种社会化协作模式时，中国政府部门要不断拓宽技术协作途径、资金融资渠道、信息和知识协作来源。

对于具体的政府网站建设或政府网站的某一阶段建设，我们可以把它看作一个个建设项目，对政府网站或政府网站某一阶段的协作建设实施项目管理。所谓项目管理，就是以项目为对象的系统管理方法，通过一个临时性的、专门的柔性组织，对项目进行高效率的计划、组织、指导和控制，以实现项目全过程的动态管理和项目目标的综合协调与优化，便于以项目为中心灵活地调配社会各方力量，并对其进行有效的监控。

（三）特点

政府中枢机关为主导。政府网站是一项系统复杂的工程，它需要一个强有力的政府中枢机构来协调各种矛盾，理顺各种关系，改善相应的业务流程。作为电子政务工程基本建设内容之一的政府网站建设，需要由政府中枢机构进行统一部署，做出整体安排。因此，这种社会化模式必须是在政府中枢机关主导下进行的协作模式，政府的主导地位是不可或缺的。

需要多方合作。作为电子政务工程建设系列之一的政府网站建设，与社会各方面息息相关。它不仅仅是政府部门的事情，社会各方力量也有权利、责任、义务参与其建设。在政府网站建设过程中，政府部门需要整合多方力量，如非营利性机构、企业、团体和社会公众等主体，综合多方实力，如电子政务理念、管理方式方法、资金、技术、信息、人才等，以弥补政府部门建设政府网站的实力不足。

第二章　政府网站绩效评估

第一节　政府网站绩效评估概述

一　政府网站绩效评估的概念

要理解政府网站绩效评估的基本概念，首先要明确其所包含的绩效、政府绩效以及政府绩效评估的概念，厘清这些概念之间的区别和联系。

（一）绩效

“绩效”（performance）一词最早来源于管理学，不同的人对绩效有不同的理解。在现代汉语词典中，“绩效”即是成绩和成效的综合。在管理学中，“绩效”是指一定时期内的工作行为、方式、结果及其产生的客观影响。

（二）政府绩效

20 世纪 70 年代末，西方国家掀起了“新公共管理运动”，80 年代初，由此引发的行政改革浪潮在世界范围内兴起，各国政府开始逐步推进“新公共管理”改革，政府绩效也逐渐成为公共管理关注的焦点。

政府绩效主要分内部绩效和外部绩效，外部绩效又分为经济绩效、社会绩效和政治绩效三个方面。其中，经济绩效是政府绩效的主要内涵和外在表现，是社会绩效和政治绩效的物质基础和支撑；社会绩效是政府绩效体系的价值目标，是经济绩效的实现意义和价值，是政治绩效的社会基础；政治绩效是政府绩效的中枢和核心，也是经济绩效和社会绩效实现的法律制度保障。总体来说，政府绩效是较长时期经济发展、社会进步、政治文明的最终成果。

（三）政府绩效评估

所谓“绩效评估”，又称绩效考核或绩效评价，是指运用数理统计、运筹学原理和特定指标体系，对照统一的标准，按照一定的程序，通过定量、定性、对比分析，对项目一定经营期间的经营效益和经营者业绩做出客观、公正和准确的综合评判。“政府绩效评估”的界定在学术界尚未达成一致，但普遍较为认可的定义是：“政府绩效评估是指政府自身或社会其他组织通过多种方式对政府的决策和管理行为所产生的政治、经济、文化、环境等短期和长远的影响和效果进行分析、比较、评价和测量。对政府绩效进行评估，是规范行政行为、提高行政效能的一项重要制度和有效方法。”

改革开放以来，中国政府绩效管理实践探索大致经历了目标责任制、效能监察、社会服务承诺制、效能建设、行风评议、政府绩效评估等几种模式。[①] 2006 年 9 月，时任国务院总理的温家宝在加强政府自身建设推进政府管理创新电视电话会议上指出：“绩效评估是引导政府及其工作人员树立正确导向、尽职尽责做好各项工作的一项重要制度。”2007 年 2 月，温总理在国务院廉政工作会议上强调，当年要在全国推行以行政首长为重点对象的行政问责制度，抓紧建立政府绩效评价制度。

（四）政府网站绩效评估

政府网站是国家电子政务体系的重要组成部分，它的发展是动态的，遵循电子政务阶段发展规律，具有鲜明的规律性和

---

① 战旭英：《我国政府绩效评估的回顾、反思与改进》，《山东社会科学》2010 年第 2 期。

阶段性特征。[①] 目前，一些论著、杂志和新闻将政府网站和政府门户网站混淆使用，本书所指的政府网站与政府门户网站具有实质性的区别和联系。政府网站包括政府门户网站和部门网站两大类，政府门户网站是政府网站中最为重要的一类网站，是一级政府行政管辖区域内所有政府部门网站的统一入口网站，具有唯一性、综合性的特征。

政府网站绩效评估即归属政府绩效评估范畴，还归属网站绩效评估范畴。但政府网站不同于一般的商业网站，与电子政务中的“政务”相辅相成，政府网站绩效评估应当从公共管理层面出发，衡量其作为公共服务系统的绩效表现。笔者认为，政府网站绩效评估是指按照预先设定的评估指标体系，由评估主体按照评估原则和统一标准，利用特定的评估方法和工具，通过定量、定性、对比分析，对政府网站的成绩和成效做出评价。

二　政府网站绩效评估的构成

政府网站绩效评估属于政府绩效评估的范畴。但作为一个独立的体系，根据政府网站绩效评估的概念，政府网站绩效评估体系主要由评估目标、评估主体、评估客体、评估模式、评估指标、评估方法等基本要素构成。

（一）评估目标

政府网站绩效评估是政府行政管理体制改革的内在要求，而政府网站作为各级政府为公众提供便捷服务和交流互动的窗口，对推动社会进步与和谐社会建设发挥着越来越重要的作用，也给各级政府网站的建设和应用提出更高要求。

政府网站绩效评估的目标旨在通过绩效评估工作，加强和

---

① 张向宏、张少彤、王明明：《中国政府网站发展阶段论——政府网站理论基础之二》，《电子政务》2007 年第 3 期。

指引各级政府网站的发展方向，全面推进政务公开，增强服务功能，强化公众监督，提高网上办事满意度，扩大公众参与度，准确反映社情民意，推动各级政府和部门开创工作新局面。评估结果在一定程度上也可以较为直观地反映各级政府行政管理和公共服务的绩效水平，是政府绩效考核的重要组成部分。

（二）评估主体

政府网站绩效评估主体是指发起或组织实施政府绩效评估活动的个人或组织，即绩效评估的“评估者”。目前，中国政府网站绩效评估主体具有以第三方评估主体为主、其他评估主体共同发展的多元化发展趋势的特点。

政府网站绩效评估主体一般分为两大类，即内部主体和外部主体。[①] 结合中国政府行政管理体制特点和政府网站建设实际情况，中国政府网站绩效评估主体及模式可以概括为“四类主体、三种模式”。[②]“四类主体”主要包括政府信息化主管部门、行政主管/效能监察部门、第三方机构和网站用户，各类评估主体各有其优势和局限性。

政府信息化主管部门和行政主管/效能监察部门属于内部主体，都是从政府网站绩效评估对象的组织管理体系内部产生的评估主体。其中，政府信息化主管部门侧重于政府网站技术平台的建设，评估重点以完善技术平台建设和推广应用为目标，可以有效推进政府网站技术支撑体系和基础保障体系建设，但受职能所限，难以推动政府网站内容建设和资源管理。行政主管部门/效能监察部门侧重于政府网站内容建设，重点关注网站内容建设与行政效能建设的结合，能够有效丰富网站服务内容，规范服务形式。但该主体是从内容视角出发，无法满足外部主

---

① 金竹青、王祖康：《中国政府绩效评估主体结构特点及发展建议》，《国家行政学院学报》2007 年第 6 期。

② 周亮：《中国政府网站绩效评估模式探讨及发展情况》，《电子政务》2010 年第 Z1 期。

体视角用户的需求。

第三方机构和网站用户属于外部主体，都是从政府体系外部对政府网站绩效进行评估的主体。第三方机构以中立的身份，从专业的视角对政府网站给予客观公正的评价，有效规避了政府部门身份上既当运动员又做裁判员的尴尬，但不具备采集网站内部工作数据的优势，而且要发挥引导作用也离不开政府主管部门的参与和推行。网民用户主要侧重于政府网站的实用性、人性化和满意度，代表了政府网站发展和应用水平的最高要求。但由于用户群体的分散性，网民用户难以自主组织和发起评估，需要依靠政府部门的自觉性，以及统一的组织和引导。

（三）评估客体

评估客体即评估对象，具体是指各级政府网站，涵盖中央、省、市、县四级政府网站。其中，中央、省以及市级政府网站除了政府门户网站以外，还包括各职能部门、机构的网站，县级政府网站特指门户网站。截至 2016 年 12 月，中国共有 . gov. cn 域名 53546 个。[①] 根据全国政府网站普查总体情况通报，2017 年第一季度全国正在运行的政府网站 43143 家。其中，国务院部门及其内设、垂直管理机构政府网站 2229 家，省级政府门户网站 32 家，省级政府部门网站 2591 家，市级政府门户网站 496 家，市级政府部门网站 17211 家，县级政府门户网站 2773 家，县级以下政府网站 17811 家。[②]

（四）评估模式

所谓评估模式，是指评估主体开展绩效评估工作的方式和方法。根据评估主体的属性特征以及评估目标，现阶段政府网

---

① 中国互联网络信息中心：《中国互联网络发展状况统计报告》，2017 年 1 月，第 74 页。

② 中华人民共和国中央人民政府：《2017 年第一季度全国政府网站抽查情况的通报》，2017 年 5 月 24 日，http：//www. gov. cn/zhengce/content/2017 －05/24/content_ 5196348. htm。

站绩效评估的评估模式主要有三种，即内评估、外评估和综合评估。

内评估模式是指由本级政府网站建设机关或上级政府部门自主发起，在政府机关内部组织政府网站绩效评估活动的模式，带有鲜明的工作考核、检查的特点。评估主要围绕政府网站技术建设和内容管理，以此促进各级政府职能转变，推动国家有关政府网站建设的工作部署落实。

外评估模式是指由社会公众或第三方机构发起和组织政府网站绩效评估活动的模式。该模式一般有两种形式：一种是公众作为评估主体，以网络、信函、电话、问卷调查等形式对政府网站给予客观评价；另一种是由中立的第三机构组织或领域内的专家学者作为咨询和指导，开展政府网站绩效评估活动。

综合评估模式是结合了内评估和外评估的特点，由政府机关委托第三机构开展政府网站绩效评估活动的模式。一般而言，主要是由政府信息化主管部门或行政主管部门/效能监察部门委托专业的第三方机构开展评估工作。综合评估模式是目前国际上普遍采用的一种评估模式，其较好地将内评估和外评估模式的侧重点融合，以中立的身份独立开展评估工作。

（五）评估指标

评估指标体系是指由表征评估对象各方面特性及其相互联系的多个指标所构成的具有内在结构的有机整体。评估指标是整个政府网站绩效评估体系的核心和重要环节，指标设计的科学性与否直接影响到绩效评估结果的价值。2009 年，国家工业和信息化部印发了《政府网站发展评估核心指标体系（试行）》（工信部信〔2009〕175 号），确定了核心指标体系的重心在于信息公开、网上办事、政民互动三个环节，各地区、各部门在对政府网站发展评估核心指标体系扩展、细化、裁剪的基础上，参照执行。

由于政府网站是动态发展的过程，基于当前电子政务和信息技术发展形势，国家、各省（市、区）每年都会对政府网站建设提出新的要求。政府网站不同的发展阶段，就需要配置不同评估指标体系，既不能超前，也不能滞后，以科学的指标体系评估政府网站，才能够更好地促进政府网站的发展和完善。

（六）评估方法

政府网站绩效评估方法涉及两个方面的概念：一是测评的方式；二是评估指标体系的设计方法。

政府网站绩效评估的测评方式主要包括日常监测、公众评议和定期评估三种。

日常监测侧重于技术监测，以对网站的可用性、信息更新情况、网站访问量、网站安全等方面的日常监测为主。2015 年 3 月，国务院办公厅印发了《关于开展第一次全国政府网站普查的通知》（国办发〔2015〕15 号），其主要是对政府网站建设和管理现状的普查，着力解决“不及时、不准确、不回应、不实用”等问题，彻底消除“僵尸”“睡眠”网站，提升政府的权威性和影响力。

公众评议侧重于网站受众面和影响力的测评，以公众网上投票、短信评议、问卷调查、座谈会等方式为主。

定期评估侧重于政府网站的综合测评，一般是政府信息化主管部门或第三方机构通过制定科学的评估指标，在某段特定时期内对政府网站绩效进行综合评估。

对于政府网站绩效评估指标体系的研究，包括评估指标筛选、指标权重确定、评估计分等，较为主流的方法包括层次分析（AHP）法、360 度绩效评估方法、德尔菲法（Delphi Method）、聚类分析法（Cluster Analysis）、数据包络分析法（DEA）、主成分分析法（PCA）、平衡计分卡（BSC）、成本收益分析法、模糊综合评价法和条件价值估计法（CVM）等。①

三 政府网站绩效评估的流程

政府网站绩效评估并不是单一的行为过程，而是一个由多个环节组成的综合过程。具体来说，整个评估工作可以分为三个阶段：评估指标设计阶段、评估数据采集阶段和评估报告撰写阶段，具体如图2－1所示。

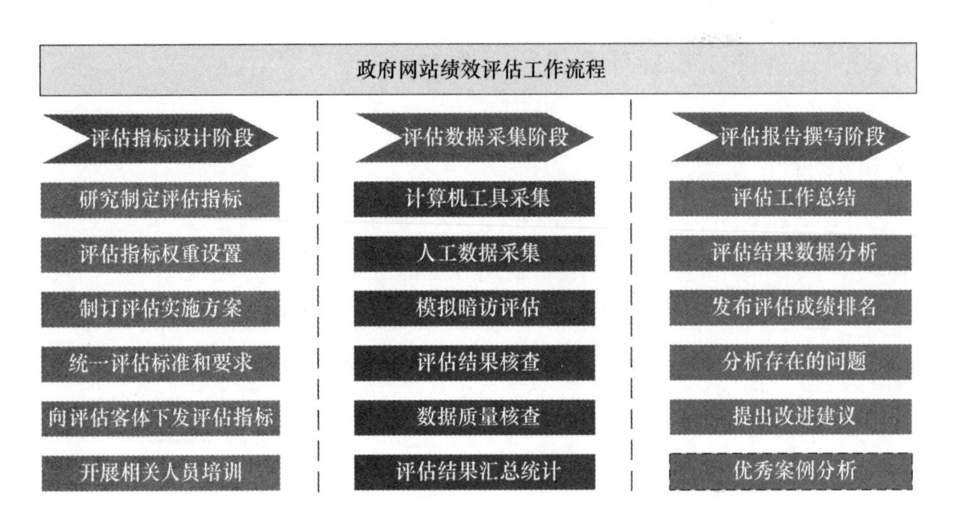

图2－1 政府网站绩效评估工作流程

（一）评估指标设计阶段

评估指标设计阶段主要是进行政府网站绩效评估指标体系的设计。评估指标的设计是整个评估工作的重要环节，指标设计的科学性与否直接影响到绩效评估结果的准确性和公信力。

首先，参考往届评估结果，结合当前国家战略及相关政策要求，研究制定政府网站评估指标，通过指标筛选突出当前评估指标对政府网站建设的导向性，再通过一定的方法合理设置

① 徐卫：《政府门户网站绩效评估：意义、研究现状与趋势》，《上海行政学院学报》2009年第5期。

指标权重，最终形成政府网站绩效评估指标体系。

其次，根据评估指标体系，确定评估工作的目标、评估对象以及评估工作实践安排，制订政府网站绩效评估实施方案，并连同评估指标体系下发给评估对象。

最后，制定评估指标细则，组织相关人员开展评估工作培训会，统一评估标准和要求。

（二）评估数据采集阶段

评估数据采集阶段主要是以评估指标体系为依据，利用特定的评估方法和工具，对被评估对象进行评估数据的采集工作。评估数据采集的方法主要包括计算机工具采集、人工数据采集和模拟暗访评估等方法。

对于可量化或可通过工具进行采集的数据，诸如链接有效性、网站点击量等，一般使用评估主体自主开发的专用计算机工具进行采集。对于无法量化或通过工具无法采集的数据，采用人工采集的方式进行采集，并将所有采集数据录入具有自主知识产权的采集系统进行统计分析。对于依申请公开与政策解读与回应等互动类评估内容，除了常规评估手段外，还将采取模拟暗访的方式进行评估，即通过以公众身份实际提交申请内容，考察相关部门的答复、回应情况，对应评估指标体系，进行评估。

在评估数据采集完成之后，按照严格的标准对采集的多组数据质量进行核查。一查数据采集源，确保被评估对象的数据采集来源全面统一；二查数据格式，确保从被评估对象采集得到的数据格式正确，以符合评估标准；三查数据质量，确保采集数据准确可靠。核查结束之后，再对所有评估结果进行汇总统计。

（三）评估报告撰写阶段

评估数据采集阶段得到了汇总统计的评估结果，之后就要撰写评估报告，也就是评估报告撰写阶段。

第一，对整个评估工作做一个详细的总结和归纳，重新梳理整个评估过程，并进一步对提升评估工作水平提出意见和建议。

第二，对汇总统计的评估结果进行详细的分析，大多数的评估主体会采用定制化的数据分析工具进行，以确保数据分析的科学性和准确性。基于数据仓库的数据展现和数据挖掘技术，对政府网站绩效评估结果进行详细分析，总结取得的成绩。

第三，对所有被评估对象的总成绩进行排名，并对相关成绩和排名结果进行分析和说明。

第四，通过评估工作，发现当前政府网站建设存在的主要问题，并提出相应的改进建议。

第五，对于在评估过程中表现较为突出的评估对象，进行优秀案例的评选，并发布优秀案例评选结果。

第二节 政府网站绩效评估现状

一 国外政府网站绩效评估发展现状

国外对政府网站绩效评估的研究主要是由一些知名大学、国际组织、咨询公司、政府公共管理研究机构等对电子政务总体发展水平与服务质量的绩效评估。根据不同的绩效目标，对于电子政务和政府网站绩效的描述，先后引入了“电子政务发展指数”“成熟度”“透明度”“参与度”“满意度”等概念。

（一）联合国经济和社会事务部

由联合国经济和社会事务部（United Nations Department of Economic and Social Affairs，UN-DESA）与美国最具代表性的公共管理学术组织——美国公共管理学会（The American Society for Public Administration，ASPA）在2002年联署发表的2001年度电子政务发展进程调查研究——*Benchmarking E-Government*：

A Global Perspective 首次提出“电子政务发展指数”（EGDI）的概念，并从2001年开始，对联合国各成员国电子政务发展状况进行连续性评估，出版《年度联合国电子政务调查报告》，并为全球电子政务发展提出参考性意见。2001年发布的《联合国电子政务调查报告》首次提出电子政务发展阶段理论，包括起步阶段、提高阶段、交互阶段、在线事务处理和无缝连接五个依次递进阶段，并分别用1—5的数字进行量化表示。2008年以后，改为每两年出版一次。目前已经成为全球最具权威性的电子政务领域调查报告，《2016联合国电子政务调查报告》是第九版。

从历年发布的电子政务调查报告来看，每年都会把全球电子政务发展面对的共性难题作为主题，以诠释其明确的评估导向，如《电子政务标杆管理：全球视角》（2001年）、《世界公共部门报告：处于十字路口的电子政务》（2003年）、《迈向机遇》（2004年）、《从电子政务到电子包容》（2005年）、《从电子政务到整体治理》（2008年）、《在金融和经济危机时期扩充电子政务》（2010年）、《面向公众的电子政务》（2012年）、《电子政务成就我们希望的未来》（2014年）、《电子政务促进可持续发展》（2016年）。

EGDI是用于衡量国家电子政务发展水平的综合指数，跟踪电子政务发展情况，综合反映各国政府利用信息交流技术提供公共服务的意愿与能力。其概念框架自2001年初次构建以来，一直没有改变，主要包括电子政务发展的三个重要视角：充分的通信基础设施、人力资本推动和使用信息通信技术的能力、在线服务和内容的可用性。EGDI是电子政务三个重要维度上三项标准指数的加权平均数，包括数据通信基础设施指数（TII）、人力资源指数（HCI）及在线服务的范围和质量指数（OSI）。

将定量与定性相结合，运用EDGI构建了以电子政务准备度和电子政务参与度为主要指标的评估指标体系。其中，电子政务准备度指数是复合指标，包括政府网站准备度、信息基础设施准备度和人力资源准备度；电子政务参与度是2003年起增加的指标，被细分为电子信息、电子咨询和电子决策三项指标（见表2-1）。

表2-1 **联合国电子政务发展指数（EDGI）指标体系**

一级指标	二级指标
电子政务准备度（定量）	政府网站准备度（1/3）
	信息基础设施准备度（1/3）
	人力资源准备度（1/3）
电子政务参与度（定性）	电子信息
	电子咨询
	电子决策

（二）布朗大学公共政策研究中心

从2000年开始，美国布朗大学公共政策研究中心（Center for Public Policy at Brown University）每年都会对全球各国政府网站以及抽取的部分地方政府网站进行测评和排名，并发布全球电子政务报告。其评估主要侧重于定量的分析，评估的所有样本数据全部通过政府网站获取，测评内容包括在线信息、在线数据库、在线服务、保险基金、隐私安全、残疾人接口、隐私政策、安全措施、多种语言接口、商业广告、用户支付、数字签名、信用卡支付、沟通工具等。

具体到对每个国家政府网站整体绩效评估的过程主要包括两部分：一是对国家所属抽取的地方政府网站进行评估，绩效得分公式为：$ei=4fi+xi$，其中，ei是抽取的地方政府网站的绩效得分，fi是该网站存在的可测评指标数量，xi是该网站有效的在线服务数量，每个网站最高绩效得分为100分；二是对抽取的地方政府网站汇总求平均值，即得到该国家政府网站整体绩效得分。目前，该机构的评估结果已经成为国际上评估各国电子化政府发展程度的一个重要指标。

（三）美国埃森哲咨询公司

美国埃森哲（Accenture）咨询公司是全球领先的管理咨询、技术服务机构，也是从事电子政务绩效评估最早的一家机构。该机构从2000年开始，连续对全球电子政务发展状况进行跟踪评估。与联合国经济和社会事务部类似，每年的报告都会形成该年度评估的主题，如《电子政务领导力：反映客户意愿》（2003年）、《电子政务领导力：高绩效，价值最大化》（2004年）、《客户服务的领导力：新期望、新经验》（2005年）、《客户服务的领导力：建立信任》（2006年）、《客户服务的领导力：兑现承诺》（2007年）、《客户服务的领导力：为更好的结果建立共同责任》（2008年）等。①

源于其自身企业的特点，评估主要侧重于客户服务，采用定量评估与定性评估相结合的方法。“成熟度”的概念最早也是由美国布朗大学的韦斯特（West）教授于2001年首次提出。在2003年发布的调查报告中，美国埃森哲咨询公司引入了“总体成熟度”的概念，其评估指标体系起初包括服务成熟度和传递成熟度两部分，从2002年评估开始，用“客户关系管理成熟度”取代了“传递成熟度”的指标。2003年，它还针对“客户关系管理成熟度”专门发布了一份名为《政府的客户关系管理：弥合鸿沟》的报告加以阐释。

其中，“服务成熟度”又包括“服务广度”（即在线服务项目数量）和“服务深度”（即在线服务项目实现的交互水平和可达性，且细分为发布、交互、交易等特征），“客户关系管理

① 秦浩、刘红波：《国外电子政务绩效评估的最新进展及启示——以埃森哲和联合国为例》，《电子政务》2013年第2期。

成熟度”又被分解为洞察力、互动性、组织绩效、供给能力和网络五个二级指标（见表2-2）。

表2-2 美国埃森哲咨询公司总体成熟度指标

一级指标	二级指标
服务成熟度（70%）	服务广度
	服务深度
CRM（30%）	洞察力
	互动性
	组织绩效
	供给能力
	网络

（四）高德纳咨询公司

高德纳咨询公司（Gartner Group）是全球最具权威的IT研究与顾问咨询公司，成立于1979年，总部设在美国康涅狄克州斯坦福。高德纳咨询公司综合了现有评估体系的分析方法，并引入以往电子政务绩效评估中较少考虑的政治回报和绩效评价的指标，从政治收益、公共服务水平和运作效率三个角度评估电子政务项目，在一定程度上具有开创性的意义。

与美国埃森哲咨询公司不同，高德纳咨询公司的评估体系并不是针对全球各国电子政务发展水平进行比较和排名，而是针对某个特定的电子政务项目的有效性进行评估，评估指标只是面对项目的有效性，并没有从宏观层面评估电子政务总体发展水平。

高德纳咨询公司评估指标中的公共服务水平主要是对政府在线服务能力的测评，涵盖成熟度、是否成功和服务成效三个方面（见表2-3）。

表 2－3　高德纳咨询公司测评指标

一级指标	二级指标	三级指标
公共服务水平	成熟度	在线服务深度
		提供服务的渠道和数量
		在线服务的主动性
		在线服务的价值性
	是否成功	在线服务的可获取性
		总使用成本
		价值—成本比率
	服务成效	在线服务的使用
		在线服务的影响

（五）美国瑞歌大学、韩国成均馆大学

美国瑞歌大学（Rutgers University）电子政府研究所与韩国成均馆大学（Sungkyunkwan University）国际情报政策电子政府研究所分别于 2003 年和 2005 年两次联合发布对全球多个国家的多座最大城市的电子政务测评报告。该报告的共同发起单位还包括联合国经济社会发展部公共行政与管理司和美国公众管理协会。

2005 年，测评指标从 92 个增加为 98 个。对参评城市及城市网站的评比涉及五个方面：安全性、实用性、内容完整性、服务质量、公众参与性。每个方面又分别采用 18—20 个测量维度（见表 2－4），每个测量维度采用 4 分制（0、1、2、3）或二分法（0、3 或 0、1）。

表 2－4　美国瑞歌大学/韩国成均馆大学电子政务测评指标（2005 年）

总体分类	测量维度	权重	关键特征内容
安全性	18	20	隐私保护政策、身份验证、密码保护、数据管理以及网页信息块的使用

续表

总体分类	测量维度	权重	关键特征内容
实用性	20	20	方便用户使用的设计、标记、网页长度、目标用户链接或通道、网站搜索性能
内容完整性	20	20	访问当前信息、公开性文件、报告、出版物和多媒体资料
服务质量	20	20	涉及购买或注册的信息交互服务、市民和商业机构及政府的互动性
公众参与性	20	20	网上公众参与、基于互联网的政策讨论、基于公众的性能测定
总计	98	100	

美国瑞歌大学与韩国成均馆大学提供的电子政务测评方法指标体系主要针对城市级的电子政府。该体系较为全面、具体，可操作性强，它吸收了布朗大学测评体系简单易行的优点，同时又对政务内容按照政府系统自身所具有的结构特点进行必要的归纳，从而使得电子政务评价体现了更丰富的公共价值和更多的社会切入点。应该说，该测评体系是目前国际上电子政府测评方面相对较为先进的一种方法。

（六）日本早稻田大学

从2005年起至2016年，日本早稻田大学（Waseca University）与亚太经济合作会议（APEC）合作进行调查，并且已经连续12年发布全球重点国家的电子政务排名报告。2016年8月3日，公布了2016年电子政务调查报告。

日本早稻田大学以综合视点调查分析，进行了不同于其他机构以网站、CRM等为对象调查排名的评估，侧重于客观性指标的评估。其所做的全球电子化政府排名是以全球55个国家/地区为对象，从网络完整度、网站界面功能、管理优化、国家入口网、政府CIO、信息化政府促进、信息化参与七大项标准（见表2－5）进行评分，依评分决定各国排名表现。

表2－5　日本早稻田大学电子政务评估指标体系

一级指标	二级指标
网络完整度	互联网用户
	宽带用户
	蜂窝电话用户
	PC用户
网站界面功能	网络法律
	电子投标系统
	电子税务系统
	电子支付系统
	电子投票系统
	社会安全服务
	民事登记
	电子健康系统
管理优化	优化意识
	企业架构集成
	行政和预算系统
国家入口网	导航
	互动
	界面
	技术
政府CIO	政府CIO表现
	政府CIO职责
	政府CIO组织
	政府CIO发展计划
信息化政府促进	法律体系
	启用机制
	支持机制
	评估机制

续表

一级指标	二级指标
信息化参与	电子信息及机制
	咨询
	决策

二　中国政府网站绩效评估发展现状

中国政府网站绩效评估工作随着政府绩效评估的发展而兴起，起步较晚，在对国际评估指标框架研究的基础上，逐步开展政府网站绩效评估。现阶段，国内的评估主要是以第三方评估的模式为主，其中影响较大的是2002年以来国务院信息化工作办公室委托中国电子信息产业发展研究院（赛迪集团）开展的年度中国政府网站绩效评估活动。此外，地方各级政府也在不断积极探索政府网站绩效评估的新模式。

（一）国家行政学院电子政务研究中心

自2014年开始，国家行政学院电子政务研究中心在联合国电子政务调查评估框架下，以电子政务发展指数为主要依据，是国内首次由电子政务专业研究机构对中国地级以上城市的电子政务发展状况的综合性调查。之后连续组织开展了中国城市电子政务发展水平调查工作，对其发展状况进行排名，并每年发布《中国城市电子政务发展水平调查报告》。

2016年7月，国家行政学院电子政务研究中心在第十一届中国电子政务论坛上发布了主题为“互联网+公共服务”的《2016中国城市电子政务调查报告》。这一评估采用AHP层次分析方法，用构造评判矩阵的方式，对各专家打分结果综合平均后作为权重，进而构建中国电子政务发展水平评估指标体系，主要包括在线服务、电子参与和移动政务三部分，权重分别为60、20和20，具体指标见表2－6。

表 2-6 **中国电子政务发展水平（EDGI）评估指标体系**

一级指标	二级指标	三级指标
在线服务指数	在线服务成熟度	起步阶段
		提升阶段
		交互阶段
		整体服务阶段
	在线服务用户体验	服务过程透明度
		多渠道服务交互
		服务易用性
		用户满意度
电子参与指数	电子参与成熟度	电子信息
		电子咨询
		电子决策
	电子参与用户体验	电子参与透明度
		电子参与及时性
		电子参与易用性
移动政务	政务微信公众号	开设与否
		信息推送及时性
		信息覆盖程度
		信息丰富程度
		信息可读性
		双向交互功能
		在线办事功能
		特色功能
	政务 APP	重要政务信息类型丰富性
		在线办事功能强度
		是否支持微博、微信等社交媒介分享
		下载渠道和更新方式

（二）国家信息中心网络政府研究中心

国家信息中心网络政府研究中心（简称“网研中心”）是国内首家专注于互联网和大数据时代政府网上服务创新的国家级信息化智囊机构。2014 年 1 月，网研中心专项课题研究组历时四个月，完成并与中国信息协会电子政务专业委员会联合发布了《中国政府网站发展数据报告（2013）》。这是国内第一部从用户需求和体验角度，对中国政府网站的发展现状进行全面分析的报告。

它应用大数据分析技术，抽样采集了从中央部委到地方省市共 82 个样本网站、连续 9 个月、5000 多万条数据，分别从政府网站用户来源、政府网站用户访问特征、政府网站用户需求特征、政府网站访问情况、政府网站三大功能模块的访问情况、政府网站技术功能可用性、移动终端用户专题、微博用户专题八个一级指标进行全面测评（见表 2－7）。

表 2－7　　中国政府网站发展数据测评指标

一级指标	二级指标
政府网站用户来源	用户来源渠道分布
	搜索引擎来源渠道分布
	导航来源渠道分布
	百科类网站来源分布
政府网站用户访问特征	平均停留时长
	访问时间特征
	系统环境特征
	语言种类特征
	回访情况
	用户黏度

续表

一级指标	二级指标
政府网站用户需求特征	用户需求分布
	用户每月需求热点变化情况
	用户地域需求热点变化情况
	搜索引擎收录效益
政府网站访问情况	首页访问质量
	首页访问分布规律
	首页三大功能板块关注度
	首页站内搜索功能完善度
	首页导航板块有效度
政府网站三大功能模块的访问情况	信息公开访问情况
	在线办事栏目访问时长
	政民互动栏目访问时长
政府网站技术功能可用性	网站导航效能
	网站链接有效性
	网站页面加载性能
	网站站内搜索使用率
移动终端用户专题	移动终端用户占比变化趋势
	移动终端用户使用操作系统分布规律
	移动终端用户访问时间规律
	移动终端用户访问质量
	移动终端用户站外搜索需求特征
	移动终端用户站内搜索需求特征
	移动终端技术兼容度
微博用户专题	微博用户来源渠道分布
	微博用户访问时间规律

（三）中国电子信息产业发展研究院（赛迪集团）

中国电子信息产业发展研究院（赛迪集团）受国务院信息

化工作办公室委托，从2002年开始，连续对包括国务院部委及直属机构网站、省级政府门户网站、地级政府门户网站和县级政府门户网站等全国各级政府网站绩效进行评估。

2003年2月，赛迪集团下属的赛迪顾问股份有限公司（简称“赛迪顾问”）发布了《2002—2003年中国政府门户网站建设现状与发展趋势研究年度报告》，从“内容服务”的角度对中国政府门户网站进行评价，并采用“指数”的概念来衡量网站综合发展水平和某项内容或功能的建设水平。

从2006年开始，中国软件评测中心（简称“中国评测”）作为调查评估实施单位，受国务院信息化工作办公室委托，每年一度开展中国政府网站绩效评估。2017年3月，中国评测在“第十五届中国政府网站绩效评估结果发布会暨2017年互联网+政务服务论坛”上发布了2016年中国政府网站评估指标和评估结果，并对当前政府网站建设发展的亮点与问题做了总结与分析。

2016年的评估设置了政府网站政务公开、政务服务、互动交流、日常保障、功能与影响力、优秀创新案例6项指标，采用系统监测、人工抽查、专家推荐打分等方式进行评估，各部分结果按一定权重进行加权，具体指标见表2-8。

表2-8　　2016年中国政府网站绩效评估指标体系（部委）

一级指标	二级指标
政务公开（34）	主动公开（24）
	依申请公开（2）
	公开目录及保障（8）
政务服务（23）	服务展现（5）
	服务功能（10）
	服务集约化（6）
	公共便民服务（2）

续表

一级指标	二级指标
互动交流（20）	政务咨询（5）
	实时交流（5）
	投诉举报（5）
	调查征集（5）
日常保障（15）	网站日常运维（10）
	网站安全保障（5）
功能与影响力（8）	网站智能化水平（4）
	网站内容传播力（4）
优秀创新案例（10）	—

（四）中国社会科学院信息化研究中心、北京国脉互联信息顾问公司

北京国脉互联信息顾问公司（简称“国脉互联”）成立于2004年，是一家从事信息化咨询与服务的专业机构。国脉互联参考国际政府门户网站的发展潮流和经验，于2005年年初提出政府网站绩效能力评价指标，并开发了一套科学的政府网站评价指标、改进模板和规划流程工具。它将各级政府、门户及部门网站目前的发展态势分为初级阶段、中级阶段、高级阶段，并且通过基础性指标、发展性指标、完美性指标三类监测指标体系进行分别评测。从2006年至2016年，国脉互联连续十年开展了中国特色政府网站评估活动。

从2009年开始，每年12月，中国社会科学院信息化研究中心与国脉互联政府网站评测研究中心以社会第三方的方式开展政府网站绩效评估，并发布《年度中国政府网站发展研究报告》，有力推动了政府职能的转变与管理方式的创新，基本上达到以评促建的目的，得到地方和部门的高度重视，在社会各界产生积极反响。

2016年，围绕“互联网＋政务服务”的发展理念，旨在

“探索互联网+政务新模式，构建一体化新型政务服务平台”，促进政府职能转变，推进依法行政。本着“强调质量、注重实效、利于操作”的原则，它制定了包含信息公开、在线服务、互动交流、回应关切和用户体验五大一级指标的评估体系，具体见表2－9。

表2－9 国脉互联2016年部委门户网站绩效评估指标体系

一级指标	权重	二级指标	权重
信息公开	20	行政权力	5
		财政资金	5
		行业监管	5
		其他主动公开信息	5
在线服务	25	便民服务	15
		办事服务（有审批职能）	10
		业务专题（无审批职能）	10
互动交流	15	信箱渠道	4
		民意征集	5
		在线访谈	6
回应关切	10	热点回应	5
		政策解读	5
用户体验	30	智能服务	6
		社会化服务	6
		数据开放	6
		国际化程度	6
		网站安全	6
附加项	5	减分项	－5
合计	100	—	100

（五）北京时代计世资讯有限公司

北京时代计世资讯有限公司（简称“计世资讯”）是国家工

业和信息化部及国家信息化专家咨询委员会的重要研究支撑机构，为政府部门、产业及国内外的主流领导性企业提供专业的研究、咨询、分析和预测。2002 年，在国务院信息化工作领导小组办公室的指导下，计世资讯首次在国内推出政府网站评估指标体系，并首次在全国范围内对政府网站进行了综合评估，连续三年对中国 36 个城市政府网站进行评估。

2005 年，计世资讯发布了《2005 年中国政府公众网站评估研究报告》，将评估对象扩展至国务院组成部门、省级政府、省会城市及计划单列市政府、地级市政府和县级市政府五大类。指标设计方面，主要是考虑了两方面的内容：第一，网站提供了哪些电子政务服务；第二，网站为保证实现这些服务，相关的网站建设质量如何。具体评估指标见表 2－10。

表 2－10　　计世资讯中国政府公众网站评估指标体系

一级指标	二级指标
网站内容服务指标	政务公开
	本地概览
	特色内容
网站功能服务指标	网上办公
	网上监督
	公众反馈
	特色功能
网站建设质量指标	设计特性
	信息特性
	网络特性

（六）广州时代财富科技公司

广州时代财富科技公司（简称“时代财富”）成立于 2000 年 6 月，是中国最早的网络顾问公司之一，专注于网络顾问咨询服务和网络应用实施服务。2002 年 5 月，正式发布了《中国电子政务研究报告》，报告共计 6 万多字，调查数据近千项。该报告在对全国 196 个政府网站的内容、功能及问题进行详尽统计和分析的基础上，得出中国当前电子政务度为 22.6%。同时指出，中国电子政务将经历四个发展阶段——政府信息公众化、准电子政务、区域电子政府、统一电子政府，在每个阶段，电子政务的功能和服务对象有一定差别。

时代财富公司的电子政务水平评价指标体系包含政府机关的基本信息、政府网站的信息内容和用户服务项目、网上政务的主要功能以及电子政务的推广应用四个方面共计 30 项评价指标。

第三节　政府网站绩效评估理论基础

一　绩效评估基础理论

（一）绩效管理

绩效管理是指各级管理者和员工为了达到组织目标共同参与的绩效计划制订、绩效辅导沟通、绩效考核评价、绩效结果应用、绩效目标提升的持续循环过程，其目的是持续提升个人、部门和组织的绩效。绩效管理强调组织目标和个人目标的一致性，强调组织和个人同步成长，形成“多赢”局面。绩效管理体现着“以人为本”的思想，在绩效管理的各个环节都需要管理者和员工的共同参与。绩效管理的过程通常被看作一个循环，这个循环分为四个环节，即绩效计划、绩效辅导、绩效考核与绩效反馈。

（二）系统理论

它研究各种系统的共同特征，用系统理论知识定量地描述其功能，寻求并确立适用于一切系统的原理、原则和模型，主要对计算机、应用数学、管理等专业的某一方向有专门研究，掌握系统思维方法，能够从整体上系统地思考和分析问题，是具有逻辑和数学性质的一门新兴的科学。系统论的核心思想是系统的整体观念。任何系统都是一个有机的整体，它不是各个部分的机械组合或简单相加，其整体功能是各要素在孤立状态下所没有的新质。

（三）利益相关者理论

利益相关者包括企业的股东、债权人、雇员、消费者、供应商等交易伙伴，也包括政府部门、本地居民、本地社区、媒体、环保主义等的压力集团，甚至包括自然环境、人类后代等受到企业经营活动直接或间接影响的客体。这些利益相关者与企业的生存和发展密切相关，他们有的分担了企业的经营风险，有的为企业的经营活动付出代价，有的对企业进行监督和制约，因此，企业的经营决策必须考虑他们的利益或接受他们的约束。

（四）绩效评估模型

绩效评估是人力资源管理的核心职能之一，是指评定者运用科学的方法、标准和程序，对行为主体与评定任务有关的绩效信息（业绩、成就和实际作为等）进行观察、收集、组织、贮存、提取、整合，并尽可能做出准确评价的过程。政府绩效评估就是政府自身或社会其他组织通过多种方式对政府的决策和管理行为所产生的政治、经济、文化、环境等短期和长远的影响与效果进行分析、比较、评价和测量。对政府绩效进行评估，是规范行政行为、提高行政效能的一项重要制度和有效方法。

二　行政生态理论

行政生态理论由美国著名行政学家弗雷德·W. 里格斯提出，他认为：在研究某个国家（尤其是发展中国家）的行政行为和行政制度时，不能仅仅对行政本身进行孤立的描述和比较，而必须同时对它与周围环境的相互关系有较为深入的了解与探究。影响一个国家公共行政的生态要素有很多，其中社会要素、经济要素、沟通网络、符号系统以及政治构架这五种生态要素最为重要。在借用光谱分析观念的基础上，他提出了三种行政模式，分别对应不同的社会形态。这三种行政模式分别为：第一种是衍射型行政模式（Diffracted Model）。与明确的社会分工相对应，政府职能也有具体的行政分工，就像自然光衍射为红橙黄绿青蓝紫七色光，该模式与工业社会相适应。第二种是融合型行政模式（Fused Model）。在这种模式下，社会分工不明细，同样，与之对应的行政职能也并不明细，就像折射前的自然光是白光一样，此模式与农业社会相适应。第三种则是棱柱型行政模式（Prismatic Model）。由于棱柱型行政模式的过渡性，在这种模式下，社会和相应的政府行政系统不仅拥有过去的某些特征，而且具有新的特征，与过渡社会相适应。

政府网站绩效评估同样如此。在进行政府网站绩效评估体系设计时，必须根植于中国的政治制度和文化基础环境。西方国家政府绩效评估是在市场化高度发展、法制程度和政府理性高度成熟的环境中成长的，是在现存政治制度的基本框架内进行的，其目的是为了发展新的公共责任机制，解决利益冲突，缓和社会危机。因此，在进行中国政府绩效评估设计时，就必须运用行政生态理论，同时借鉴西方国家的成功经验，立足中国经济社会发展、政府管理改革等背景，研究影响政府绩效评估体系构建的政治、经济和历史文化因素。通过对政府绩效评估基本理念、理论基础、制度体系以及评估方法和技术进行系统考察，针对中国国情和政府绩效评估实践中存在的一些现实问题，探寻中国政府管理体制改革和政府管理模式创新前提下的绩效评估体系构建的合理视角与基本思路。

三　新公共管理与新公共服务理论

（一）新公共管理理论

新公共管理（New Public Management，NPM）是20世纪80

年代以来兴盛于英、美等西方国家的一种新的公共行政理论和管理模式，也是近年来西方规模空前的行政改革的主体指导思想之一。它以现代经济学为理论基础，在思想上摒弃长久以来在公共管理中占主导的传统的官僚制模式，以顾客满意为导向；在方法上，则强调各种市场机制、私营部门的管理技术和激励手段的引入。新公共管理完全改变了传统模式下政府与公众之间的关系，政府不再是发号施令的权威官僚机构，而是以人为本的服务提供者，政府公共行政也不再是“管治行政”，而是“服务行政”。公民是享受公共服务的“顾客”，政府以顾客需求为导向，尊崇顾客主权，坚持服务取向。对公共服务的评价，应以顾客的参与为主体，注重换位思考，通过顾客介入，保证公共服务的提供机制符合顾客的偏好，并能产出高效的公共服务。

20 世纪 80 年代，西方国家以新公共管理为理论基石和实践指南的政府再造运动，强调运用创新、积极、弹性的原则来改造传统的官僚体系，吸收新自由主义经济学对市场机制优化资源的推崇，采纳公共选择理论从制度经济学角度分析政府行为绩效的建议，借鉴工商企业管理学中重视成本、绩效管理、服务品质测评、顾客满意指数等理论与实践，充分利用现代信息技术以改变传统的公共管理方式。虽然这些理论在公共管理领域的应用多因实际情况的不同而有所变化，但总体上却是综合运用政府治理工具等多种理论进行公共管理的改革，其最终的宗旨就是通过实施绩效管理，提高公共服务的质量和有效性，核心精神就是如何使政府工作做得更好和更富有绩效，构成政府绩效管理运动的思想源泉和理论先导。政府网站绩效评估体系也须吸收和借鉴新公共管理理论的最新成果，梳理其与政府网站绩效评估实践之间的关系，指导政府关心并提供给“顾客”（老百姓）的服务效率和质量。

（二）新公共服务理论

新公共服务理论是以美国著名公共管理学家罗伯特·登哈

特为代表的一批公共管理学者基于对新公共管理理论的反思，特别是针对作为新公共管理理论之精髓的企业家政府理论缺陷的批判而建立的一种新的公共管理理论。新公共服务理论认为，公共管理者在其管理公共组织和执行公共政策时应该承担为公民服务和向公民放权的职责。他们的工作重点既不应该是为政府航船掌舵，也不应该是为其划桨，而应该是建立一些明显具有完善整合力和回应力的公共机构。

登哈特夫妇在民主社会的公民权理论、社区和市民社会的模型、组织人本主义和组织对话的基础上，提出了新公共服务的七大原则：服务而非掌舵；公共利益是目标而非副产品；战略地思考，民主地行动；服务于公民而不是顾客；责任并不是单一的；重视人而不只是生产率；超越企业家身份，重视公民权和公共事务。

新公共服务理论提出和建立了一种更加关注民主价值与公共利益，更加适合现代公共社会和公共管理实践需要的新的理论选择。

四　用户体验理论

用户体验（User Experience，简称 UE）是在交互过程中，用户内在状态、系统特征与特定情境相互作用的产物。这一产物是指用户在使用一个产品（服务）之前、使用期间和使用之后的全部感受，包括情感、喜好、生理和心理反应、行为等各个方面。用户体验的主体是人，客体是产品（服务），体验是中转站。简单地说，用户体验就是指对于客户来说，这个东西好不好用，用起来方不方便。

关注用户体验对政府网站绩效评估极为重要。如果说政府网站服务是政府向公众提供的公共产品，那么政府网站的用户体验是指用户能够在网站上方便、快捷地满足其各种公共服务需求的行为和感受。政府网站用户如果拥有积极的体验，这对提升网站的服务水平和公众满意度有重要促进作用；反之，用户的消极体验常导致用户忠诚度丧失、发生信任危机等，进而影响政府网站的公信力和满意度。因此，政府网站绩效评估基于用户体验理论，将会指导政府网站发展模式从现有的供给导向的发展方式向兼顾供给和需求、更加注重用户体验的发展方式转变，从而在“用户体验”与“服务供给”之间建立一个正向激励的良性循环，以用户需求为出发点，通过分析用户网上行为，判别用户需求特征，识别网站服务短板。然后，网站管理部门通过栏目、功能以及页面布局等方面的优化，缩小“用户需求”和“服务短板”之间的差距，从而带来网上公共服务绩效的提升，实现用户满意度的提高，使网站真正实现用户体验与服务供给之间的有效衔接。

五　客户关系管理理论

客户关系管理（Customer Relationship Management，简称CRM）概念由高德纳咨询公司最先提出。CRM 是一种商业策略，它按照客户的分类情况有效地组织企业资源，培养以客户为中心的经营行为以及实施以客户为中心的业务流程，并以此为手段来提高企业赢利能力、利润以及顾客满意度。可以从以下三个层面来理解 CRM 的内涵。

CRM 是一种管理理念，把客户视为企业最重要的资产，在企业文化同业务流程结合的同时，形成以客户为中心的经营理念。通过完善的客户服务和深入的客户分析，来满足客户的个性化需求，实现客户的终身价值。

CRM 是一种管理机制，旨在改善企业与客户之间关系的新型管理机制，它主要实施于企业的市场营销、销售、服务、技术支持等与客户相关的领域。CRM 的实施，要求以客户为中心来构架企业的业务流程，完善对客户的快速反应机制以及管理者的决策组织形式，要求整合以客户驱动的产品、服务设计，在企业内部实现信息和资源的共享。通过提供快速、周到的优质服务来提高客户的满意度和忠诚度，不断争取新客户和新商机，最终为企业带来持续的利润增长。

CRM 是一种管理软件和技术，将最佳的商业实践与数据仓库、数据挖掘、销售自动化（SFA）以及呼叫中心（Call Center）等信息网络技术紧密结合起来，为企业提供一个基于电子商务的现代企业模式和一个业务自动化的解决方案。

CRM 的核心理念是“以客户为中心”，核心方法是“个性化”的营销管理和服务，核心技术是业务流程重组、系统集成和个性化推荐技术。

对政府网站建设而言，盈利并非其运行目标，但政府的职能以及建设政府网站的目标与客户关系管理的思想理念和原则方法却有着密切的联系。因此，在对政府网站绩效评估时，须借鉴客户关系管理理论的思想、内容及方法。将 CRM 模式在客户服务领域的相关思想和方法用于政府网站领域，能使政府更好地了解公众需求，从而不断提高政府网站的服务质量，提升公众的满意度和拥护度，取得更大的社会效益和经济效益。另外，政府与公众的良性互动，为公众提供个性化服务，也可为政府网站建设所借鉴。由此可见，客户关系管理思想在政府网站建设领域，进而延伸到网站绩效评估体系，有着重要的应用价值。

第四节　政府网站绩效评估指标体系设计

一　设计原则

政府网站绩效评估指标体系是对政府网站进行绩效评估的依据，在政府网站绩效评估中处于核心地位。它由反映政府网站绩效的指标，以及与之对应的指标权重构成。

为了更好地规范政府网站，使其顺利运行，中国政府须借鉴发达国家的先进经验并总结中国政府网站绩效评估的教训，同时还要立足中国国情，从实际出发，实事求是，积极探索，勇于创新，确定出一套科学合理的政府网站绩效评估指标体系，以确保政府网站的实施和计划相一致。在确定政府网站绩效评估指标体系时，应遵循以下原则。

（一）符合国家信息化建设的相关政策

国家信息化领导小组提出“政府先行，带动信息化发展”的方针，信息化已成为“关系现代化建设全局的战略举措”。政府在国家信息化建设中的主导地位，以及政府管理决策和服务对信息的广泛依赖，决定了政府网站是今后一个时期信息化工作的重点。因此，在确定政府网站绩效评估指标体系时，必须以国家信息化建设的相关政策为标准，构建能反映政府网站发展水平的绩效评估指标体系。

（二）与电子政务的目标保持一致

当前，中国电子政务建设的主要任务是：建设和整合电子政务网络；建设和完善重点业务系统；规划和开发重要政务信息资源；积极推进公共服务；基本建立电子政务网络与信息安全保障体系；完善电子政务标准化体系；加强公务员信息化培训和考核；加快推进电子政务法制建设。因此，在制定政府网站绩效评估指标体系时，必须使该指标体系与中国电子政务建设的目标保持一致。只有这样，政府网站绩效评估指标才具有可行性和指导意义。

（三）符合国情并与国际管理接轨

政府网站绩效评估的一个重要目的，是对某个政府网站进行时间序列上的纵向比较或各级政府间的横向比较，并在比较的基础上制定和调整未来的建设方向与建设内容。为与国际管理接轨，中国政府网站绩效评估指标体系既要符合中国国情，又要反映政府网站发展的实际水平，还要能与世界各个国家的政府网站进行比较。

（四）具有综合性和全面性

政府网站绩效评估指标体系的综合性、全面性，主要体现在以下几个方面：首先，政府网站绩效评估是对政府网站发展水平的综合反映，这就要求指标的设置要全面反映政府网站的情况，而不是局限于某些具体方面；其次，尽量选取较少的指标反映较全面的情况，为此，所选指标要具有一定的综合性，指标之间要有较强的逻辑关联。同时，选用综合指标，能够很好地规避误差问题。

（五）具有独立性和导向性

政府网站绩效评估指标体系设置的指标应可以独立地评估政府网站的某项具体内容，不能与其他指标交叉、重复，这样可以避免重复评议，防止最终分数出现重复增减的误差。中国政府网站绩效评估指标体系应建立在科学、可靠和可行的基础之上，建立在促进中国电子政务水平的快速提高、缩小与发达国家电子政务发展差距的目标之上，引导中国电子政务建设健康、有序地前行。

（六）具有可操作性和可延续性

在政府网站绩效评估指标体系的设计中，应充分考虑所用指标的可操作性，以及数据采集的可获得性。另外，所选取的指标应该尽量与政府现有数据衔接，以便数据采集。除选择反映传统的、现实的政府网站水平的指标外，还应选择一些能反映未来政府网站发展趋势的指标，以确保指标体系在时间上有可持续性。

二　指标类型

（一）主观指标与客观指标

主观指标又称“软指标”或“定性指标”，反映人们对评估对象的意见、期望值和满意度，是心理量值的反映。由于对同样的事实现象，人们的心理需求、价值尺度、满意程度会有很大差异。因此，完全使用主观指标构建指标体系是不合适的。客观指标又称“硬指标”或“定量指标”，反映客观事实，有确定的数量属性，只要原始数据真实完整，指标统计结果就具有确定性，不同对象之间就具有明确的可比性。但是，政府网站绩效评估不可能完全使用客观指标，因为政府网站服务的对象是社会公众，社会公众的需求和满意度都是非常重要的主观指标，社会公众对政府网站的评价即满意度又是评价政府网站工作的标准。由于主观指标具有模糊性、不确定性和缺乏可比性，因此在政府网站绩效评估指标体系设计中，应当尽量使用客观指标，加大客观指标在评估指标体系中的权重，对主观指标可以划分若干等级，如满意、比较满意、不满意，并换算成相应分数。

（二）投入指标、过程指标与产出指标

政府网站建设是一项基础性的重点工程，因此就会形成投入指标，如政府网站建设的人力、物力、财力投入；过程指标，如政府网站的进展状况、网站内容的更新速度；产出指标，也就是政府网站的实施效果。一般来说，投入指标是过程指标和产出指标的必要条件，但不能认为有了投入，就一定有立竿见影的产出。政府网站绩效评估应当对网站建设的投入指标、过程指标和产出指标都有所兼顾。

（三）肯定性指标与否定性指标

肯定性指标又称“正指标”，反映政府网站建设取得的进步与成功，比如社会公众对政府网站提供信息和服务的满意度，统计数据越大，说明成绩越显著。否定性指标又称“逆指标”，反映政府网站建设中存在的问题，如政府网站发生故障的次数，统计数据越小，说明政府网站建设越有成效。政府网站绩效评估指标体系大多数是肯定性指标，但有必要设置一定数量的否定性指标，从正反两方面综合评估政府网站的建设效果。

三 指标体系构建

（一）三维逻辑模型

根据《政府网站发展指引》的规定，政府网站面向公众、企业和政府工作人员，具有信息发布、解读回应、办事服务、互动交流等功能，如图2-2所示。政府网站绩效评估指标体系的建立，应当立足政府网站功能定位，围绕用户需求，以推进政务公开、优化政务服务、提升用户体验为重点，以客观公正、科学合理、以评促用、鼓励创新为原则，切实提升各级政府网站的建设和应用水平。

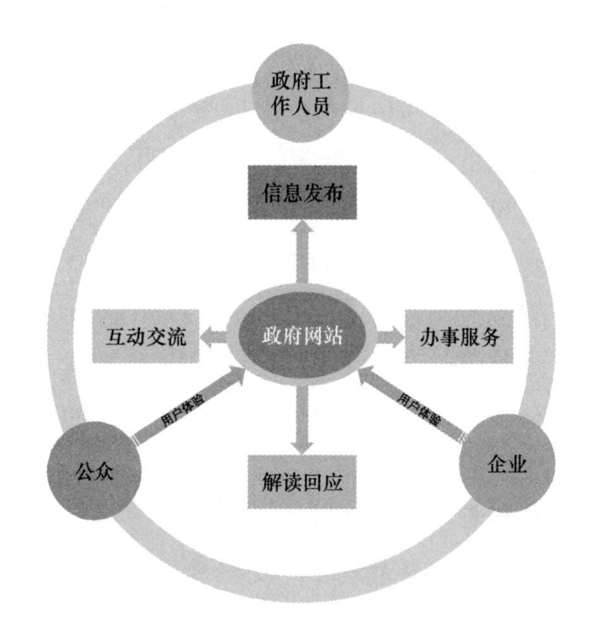

图2-2 政府网站功能定位

科学、客观地评估各级政府网站绩效，主要从三个方面入手。

一是政府网站的层级。自2006年中央人民政府门户网站建立，中国形成了层级结构完善的政府网站体系。与政府层级管理体制相同，中国政府网站也具有明显的层级特征。从门户网站的角度，主要包括中央人民政府网站、省级政府门户网站、市级政府门户网站和县级政府门户网站等；从部门网站的角度，又包括国务院部门及直属机构网站、省级政府部门网站和市级政府部门网站等。不同级别的政府，承担着不同的职能，在设计共性核心指标的基础上，还要充分考虑政府网站的层级结构特征以及同级政府网站之间职能的差异，指标体系要兼顾通用性和差异性。

二是政府网站的功能。一个完整的网站是由具备不同功能的各个模块相互作用构成的整体。政府网站的功能完备性和可用性是设计评估指标的重要内容。从功能定位来看，政府网站主要具有信息发布、解读回应、政务服务和交流互动的功能，评估结果要在一定程度上反映出政府网站的基本功能是否具备以及是否完整、可用。

三是政府网站的质量。功能维度反映了政府网站的“栏目全不全”，但并不能客观反映出公众、企业等用户“需不需要”以及“满不满意”。政府网站的建设质量实际上能够客观反映出用户体验的指标。以往的评估指标大多注重网站技术和内容方面，而没有真正做到以用户需求为导向，提高政府网站的建设质量，从而进一步提升政府网站的用户体验。

政府网站绩效评估指标体系的设计，要充分考虑影响政府网站绩效的三方面因素，建立科学合理的逻辑框架模型，从而避免政府网站绩效评估体系的设计太过主观。因此，本书从政府网站绩效评估实际出发，提出了“层级—功能—质量”的三维逻辑框架，如图 2 – 3 所示。

三个维度之间相互独立，又相互关联、相互作用，从而构成有机的整体，用于指导政府网站绩效评估指标体系的建立。

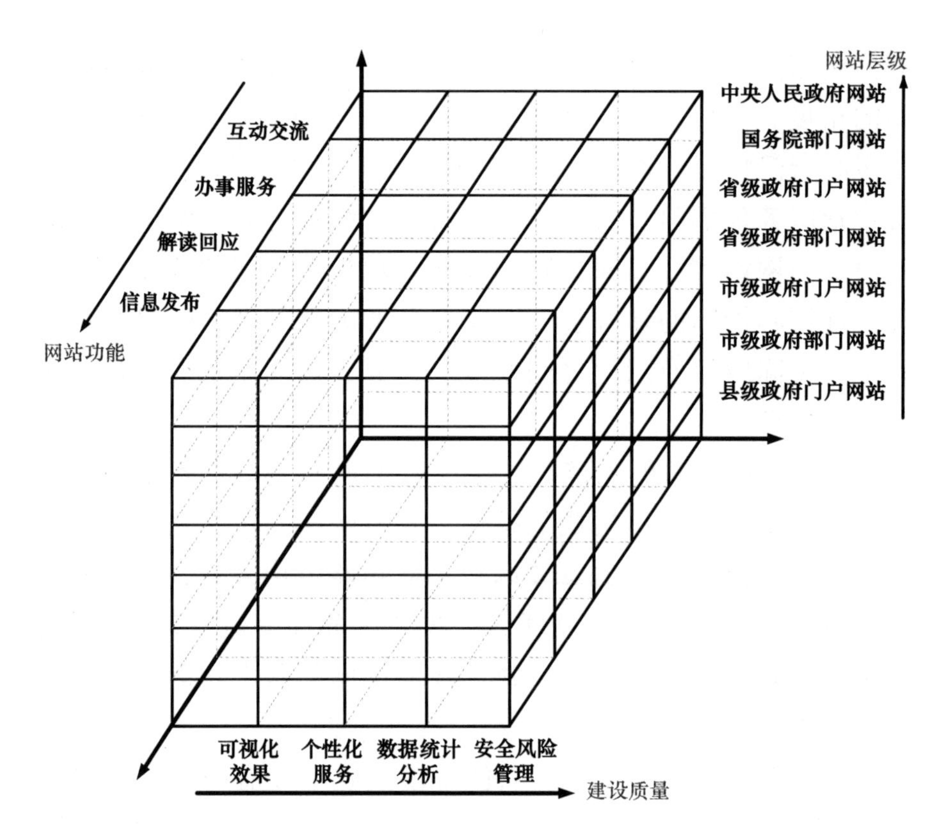

图 2－3 “层级—功能—质量”的三维逻辑框架

（二）核心基本框架

基于政府网站绩效评估指标体系的“层级—功能—质量”三维框架模型，其核心基本框架如表 2－11 所示。

表 2－11 政府网站绩效评估指标体系核心基本框架

一级指标	二级指标
信息发布	基础信息公开
	重点领域信息公开
	公共数据开放
	依申请公开
解读回应	政策解读
	回应关切

续表

一级指标	二级指标
办事服务	办事导航
	办事资源
	办事功能
互动交流	咨询建议
	调查征集
	在线访谈
	投诉举报
建设质量	可视化效果
	信息处理统计
	个性化服务
	安全风险管理

1. 信息发布

（1）基础信息公开：评估政府网站发布概况信息、机构职能、负责人、政务动态、法规文件、人事任免、民生热点、统计数据、计划规划、公开指南、公开目录、公开年报等基础信息的情况。

（2）重点领域信息公开：评估政府网站财政信息、权责清单、国有企业、重大建设项目、社会保险以及住房保障、就业创业、食品药品安全等民生领域信息的发布情况。

（3）公共数据开放：评估数据开放目录、说明、格式以及具体数据的开放情况和应用效果。

（4）依申请公开：评估政府网站发布申请说明、提供表格下载以及在线申请渠道的开通情况，必要时也可以采用暗访的方式，实际对各级政府依申请公开渠道畅通性和答复规范性进行验证。

2. 解读回应

（1）政策解读：评估各级政府解读文件的发布时效、与政策文件的关联性、解读方式和形式等。

（2）回应关切：评估各级政府利用政府网站对重大突发事件和社会热点的回应情况，包括回应形式和回应内容两部分。

3. 互动交流

（1）咨询建议：评估各级政府网站咨询建议栏目开通、运行情况、答复反馈情况以及常见问题的解答等。

（2）调查征集：评估各级政府网站调查征集栏目开通、运行情况、内容设计以及结果汇总公开的情况。

（3）在线访谈：评估各级政府网站在线访谈栏目建设、栏目功能提供以及实际开展情况。

（4）投诉举报：评估各级政府网站投诉举报栏目的开通、运行情况以及对公众投诉举报处理结果的公开情况。

4. 建设质量

（1）可视化效果：评估各级政府网站的个性设计、首页布局、层次设计、页面效果展示等。

（2）信息处理统计：政府信息公开、在线办事和公众参与的数量统计指标。

（3）个性化服务：评估各级政府网站个性化定制、无障碍浏览、多种语言、站内搜索和智能问答等。

（4）安全风险管理：评估各级政府网站安全管理手段和安全运行效果等情况。

四 指标体系建立程序

确立了政府网站绩效评估指标体系设计原则和指标类型后，按照以下程序建立评估指标体系。

（一）确定评估指标

围绕网站内容供给能力、网站互联网影响力和网站用户体验效果三个方面，按照现有网站功能、政策文件和法律法规确定政府网站应实现的职能范围，并将具体目标转化为评估指标，以评估政府网站功能的实现情况。

（二）确定评估标准

总结群众和企业在网站内容供给能力、网站互联网影响力和网站用户体验效果三个方面的共性需求，规定出评估的最高分值，以评估政府网站的服务效果。

（三）确定指标权重

对各项指标进行加权，确定等级评估制度，形成评估指标体系。权重反映了各个指标在评估中的重要程度，直接影响评估的结果。构建政府网站绩效评估指标体系，确定指标权重也是必不可少的环节。目前，确定指标权重的方法主要有主观判断法、专家咨询法、相关系数法及因子分析法等。

第五节 政府网站绩效评估工具

一 数据采集工具

（一）工具简介

通过信息化手段，采集网站评估数据，对数据进行分类、整合、计算和关联，对评估对象的网站建设情况进行有效的评估，最终获得各个评估对象的最终评估数据统计表。

（二）功能介绍

1. 权限划分

政府网站绩效评估数据采集系统主要面向如下几类用户角色：评估专家、系统管理员、系统后台管理员、浏览用户。

2. 功能模块

系统功能模块主要包括评估信息录入、个人信息维护、评估信息浏览、历史数据查询、数据量化处理、数据统计分析、评估信息分析等模块。

（1）评估信息录入

在录入界面，如图2－4和图2－5所示，评估专家组可以看到所有的参与网站评估的单位信息列表，列表里显示评估状态和评估入口。评估专家组可以通过评估入口，进入该单位门户网站的评估界面。在评估界面里，评估专家组可以看到网站评估的指标项、指标说明、权重和分值。在对网站的评估中，分为对评估项打分和对评估项量化统计，其中量化统计分为第一次数量统计和第二次数量统计。

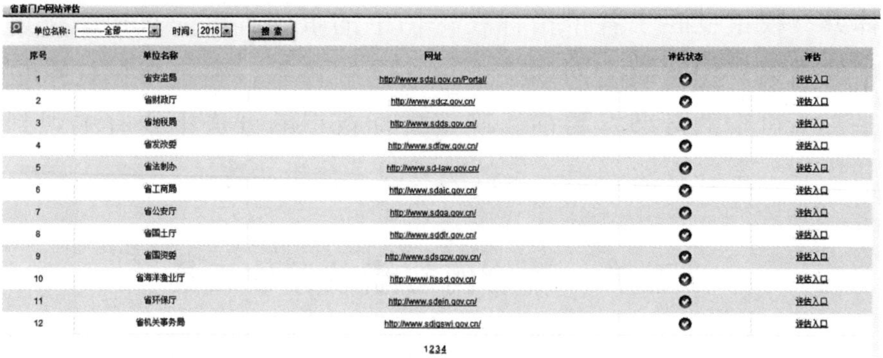

省直门户网站评估

单位名称：——全部—— 时间：2016 搜索

序号	单位名称	网址	评估状态	评估
1	省安监局	http://www.sdai.gov.cn/Portal/		评估入口
2	省财政厅	http://www.sdcz.gov.cn/		评估入口
3	省地税局	http://www.sdds.gov.cn/		评估入口
4	省发改委	http://www.sdfgw.gov.cn/		评估入口
5	省法制办	http://www.sd-law.gov.cn/		评估入口
6	省工商局	http://www.sdaic.gov.cn/		评估入口
7	省公安厅	http://www.sdga.gov.cn/		评估入口
8	省国土厅	http://www.sddlr.gov.cn/		评估入口
9	省国资委	http://www.sdsgzw.gov.cn/		评估入口
10	省海洋渔业厅	http://www.hssd.gov.cn/		评估入口
11	省环保厅	http://www.sdein.gov.cn/		评估入口
12	省机关事务局	http://www.sdjgswj.gov.cn/		评估入口

1234

图 2－4　数据采集工具界面 1

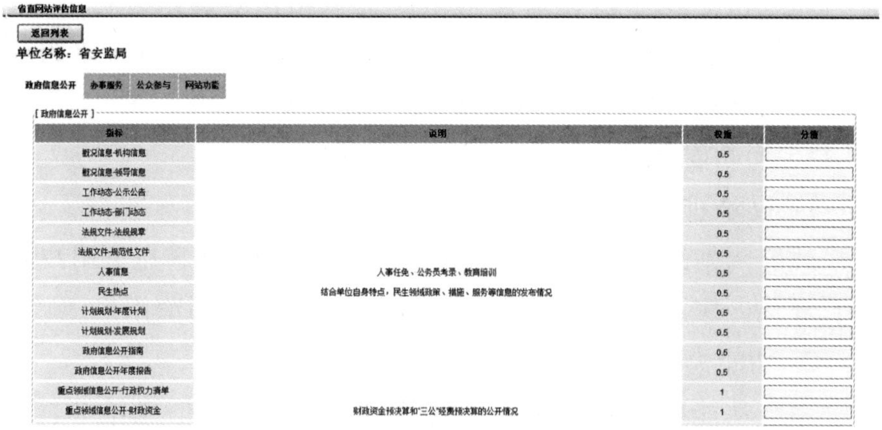

省直网站评估信息

返回列表

单位名称：省安监局

政府信息公开　办事服务　公众参与　网站功能

[政府信息公开]

指标	说明	权重	分值
概况信息-机构信息		0.5	
概况信息-领导信息		0.5	
工作动态-公示公告		0.5	
工作动态-部门动态		0.5	
法规文件-法规规章		0.5	
法规文件-规范性文件		0.5	
人事信息	人事任免、公务员考录、教育培训	0.5	
民生热点	结合单位自身特点，民生领域政策、措施、服务等信息的发布情况	0.5	
计划规划-年度计划		0.5	
计划规划-发展规划		0.5	
政府信息公开指南		0.5	
政府信息公开年度报告		0.5	
重点领域信息公开-行政权力清单		1	
重点领域信息公开-财政资金	财政资金预决算和"三公"经费预决算的公开情况	1	

图 2－5　数据采集工具界面 2

评估数据录入的流程如图 2－6 所示。

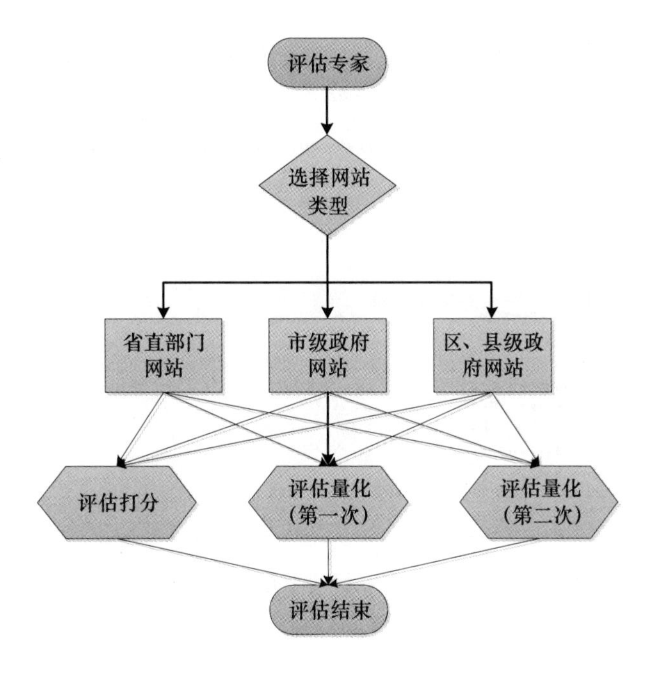

图 2－6 评估数据录入流程

（2）评估信息浏览

评估信息浏览分别提供省直部门网站、市级政府网站和区、县级网站的专家组评估得分汇总情况及最终网站评估结果，还会提供专家组打分情况搜索和历史数据搜索。

（3）数据量化处理

管理员登录系统后，根据评估专家量化的统计数据进行量化处理，最后根据量化工作将指标项的数量条数统计转化为相应的指标得分。由于省直部门网站和市、区县级政府网站的指标评估体系不同，所以针对这三类网站，分别设置相应的指标量化规则进行量化处理。

在量化统计界面，如图 2－7 所示，量化统计用户针对统计的网站评估数据量设置分值阈，系统根据设置的规则，自动地对各单位的网站情况进行评估。这样可以很大程度上排除主观因素的影响，使得评估结果更加公平有效。

在量化过程中，由于每个指标项的数量统计情况有所差别，所以需要针对每一项指标分别设置相应的量化规则。针对不同的专家组，对于指标项的数量统计因人而异，所以对于同一指标项，对于不同的专家组，也需要设置不同的量化规则进行量化处理。

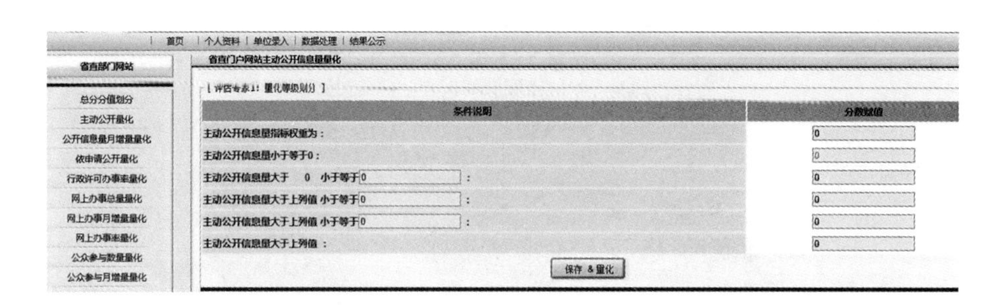

图 2－7　评估数据量化统计界面

（4）用户登录管理

用户登录系统后，可根据用户类型进入相应的界面，如图 2－8 所示。

图 2－8　数据采集系统登录界面

用户如果登录失败，则会提示登录失败；如果用户不存在，则提示该用户不存在；如果用户密码错误，则提示密码错误。

（5）历史数据查询

用户登录后可以查询网站的历史数据信息。该历史数据信息包括专家组得分情况汇总和最终网站评估结果表。

（6）数据统计分析

可对本年度各个省直部门和市、县政府网站评估信息进行统计分析，分析每个单位本年度政府网站的评估得分情况，分析该单位政府网站的历史评估得分和变化情况；对本年度所有省直部门和市、县政府网站评估信息进行整体统计分析，分析本年度所有单位的整体评估得分情况和变化情况等。

二 政务舆情监控工具

（一）工具简介

利用搜索引擎技术和网络信息挖掘技术，通过网页内容的自动采集处理、敏感词过滤、智能聚类分类、主题检测、专题聚焦、统计分析等功能，实现对相关网络舆情监督管理的需要；及时发现相关的舆情信息，负面信息、重大舆情及时预警；提供定性定量的舆情研判分析，准确研判具体舆情或者某一舆情专题事件的发展变化趋势；自动生成舆情报告和各种统计数据，最终形成舆情简报、舆情专报、分析报告、移动快报；为决策层全面掌握舆情动态做出正确的舆论引导，辅助领导决策，提供分析依据。

（二）功能介绍

舆情监控系统功能主要分为七部分：实时监测各类网络舆情、自动发现网络舆情热点、按需自动预警网络舆情、多维度关联的舆情展现、准确研判舆情正负面信息、自动实现舆情分析统计以及精确的舆情全文检索。

1. 实时监测各类网络舆情

舆情监控系统可以自动采集网络媒体发布的网络新闻，舆情采集用户只需输入一个待采集的目标网址即可实现图文结合采集到本地。网页采集模块在互联网上不断采集新闻信息，并对这些信息进行统一加工过滤、自动分类，保存新闻的标题、出处、发布时间、正文、新闻相关图片等信息，经过手工配置，还可以获得本条新闻的点击次数。

2. 自动发现网络舆情热点

舆情监控系统对重要的热点新闻信息进行分析和追踪，对于突发事件引起的网络舆情，可以及时掌握舆情爆发点和事态。系统会根据新闻文章数及文章在各大网站和社区的传播链进行自动跟踪统计，提供不同时间段（1 天、3 天、7 天、10 天）的热点新闻。对每条热点新闻，还可以查看新闻相关传播链，了解在某一时间段该热点新闻在某些站点的传播数量，同样也提供热点帖子、热点专题等功能。

3. 按需自动预警网络舆情

舆情监控系统可对监控的信息类别提供预警功能。预警等级可根据用户需求分为高级、中级、低级、安全等级别。用户可查看预警的各类信息，如在预警总分布图中可查看到每类信息的预警文章条数及百分比。它还可以查看每类预警信息某一时间段的传播趋势、传播站点统计、正负面信息统计、信息类别统计、新闻帖子统计等。

4. 多维度关联的舆情展现

舆情监控系统基于相似性算法的自动聚类技术，自动对每天采集的海量的、无类别的舆情进行归类，把内容相近的文档归为一类，并自动为该类生成主题词。它可支持自动生成新闻专题、重大新闻事件追踪、情报的可视化分析等诸多应用。

5. 准确研判舆情正负面信息

舆情监控系统基于统计和机器学习的文本过滤技术，以及独具特色的文本的褒贬倾向分析技术，准确识别正面和负面信息。该系统能自动研判并且统计政要领导人物的正负面信息、地区形象的正负面报道等。

6. 自动实现舆情分析和统计

舆情监控系统提供各类有效信息的统计，如热点专题统计、站点统计、热点词语统计、热点人名统计、热点地名统计和热点机构统计等。系统对采集的信息可自动抽取关键词、自动摘要、多维度自动分类（地区分类、舆情分类、内容分类），按文章关键词自动关联相关报道。

7. 精确的舆情全文检索

利用先进的全文检索引擎技术，提供舆情新闻检索和论坛检索功能，可提供按近义词、同音词、拼音检索、热点检索词等智能检索功能。舆情信息检索结果可按不同维度展现，包括按内容分类、舆情分类、相关人物分类、相关机构分类、相关地区分类、正负面分类等。每个维度下将搜索结果自动分类统计展示信息，使用户用最短的时间搜索到最精确的信息。

三　数据分析工具

（一）工具简介

数据分析工具主要定位于数据仓库的数据展现和数据挖掘。该工具在数据分析挖掘、报表处理技术经验的基础上，运用先进的数据仓库、智能核心理论，实施数据的挖掘和分析。

该工具可以整合多种数据，利用不同的数据源联动分析出结果。并且，可以进行探索式的可视化分析，应用丰富的数据公式和算法，通过一个直观的拖放界面，就可创造交互式的图表和数据挖掘模型，提供可视化效果选择。通过该工具，直接简单地拖拽就可以一步生成分析模型。

（二）功能介绍

1. 年度政府网站总体绩效水平

导入省、市、县政府网站的指标评估绩效得分，以绩效水平的得分为主线，分析省、市、县三级的发展状况，如图 2 – 9 所示。

2. 省、市、县网站绩效得分和绩效指标指数情况

网站绩效评估指标包括网站内容服务指标、功能服务指标

和建设质量指标，省、市、县网站中三部分的分值根据各自的特点分别划分。以省直部门网站为例，通过数据分析工具，可以获得当年省直部门网站绩效得分和绩效指数情况，如图2－10所示。

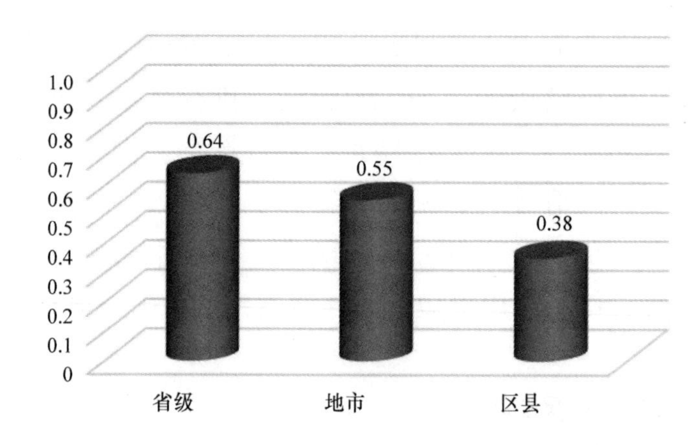

图2－9　省、市、县三级政府网站发展状况

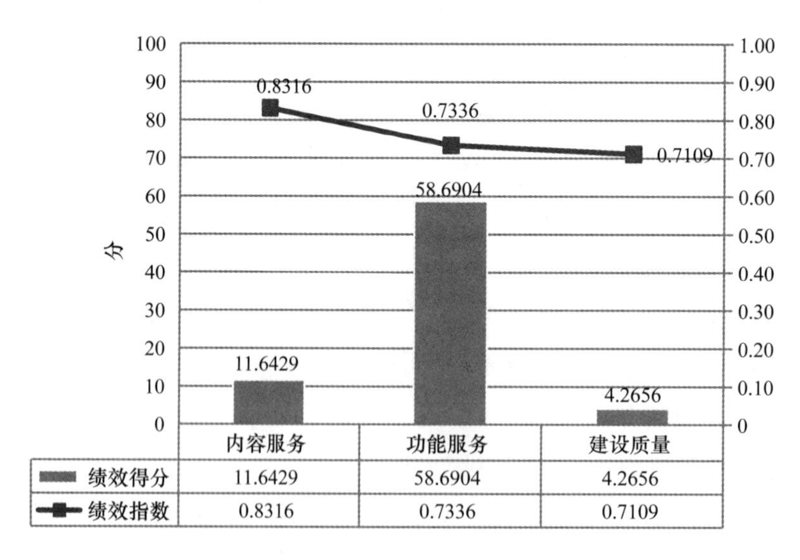

	内容服务	功能服务	建设质量
绩效得分	11.6429	58.6904	4.2656
绩效指数	0.8316	0.7336	0.7109

图2－10　政府网站绩效得分和绩效指数情况

3. 网站近三年绩效指数情况

分析工具通过积累多年的评估数据，分别从横向和纵向对

网站近几年的绩效评估情况进行统计分析。网站绩效评估指标包括网站内容服务指标、功能服务指标和建设质量指标，省、市、县网站中三部分的分值根据各自的特点分别划分。以省直部门网站为例，通过数据分析工具，可以获得当年省直部门网站近三年绩效指数情况，如图 2－11 所示。

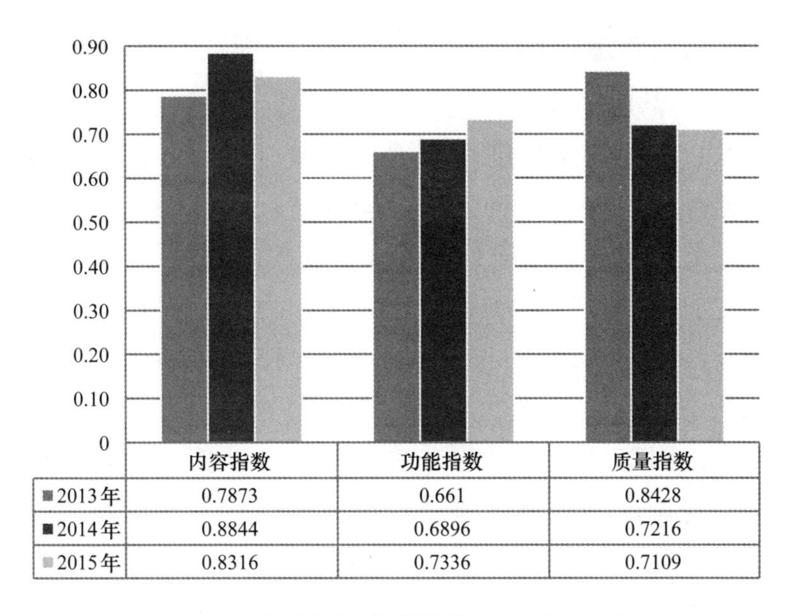

	内容指数	功能指数	质量指数
2013年	0.7873	0.661	0.8428
2014年	0.8844	0.6896	0.7216
2015年	0.8316	0.7336	0.7109

图 2－11　政府网站绩效指数近三年变化情况分析

4. 政府网站一级指标绩效指数总体表现

综合分析省、市、县政府网站一级指标绩效情况，对功能与影响力、日常保障、互动交流、政务服务和政务公开等方面进行统计分析，汇总获得地方政府网站各项指标整体绩效水平。

5. 政府网站政务公开绩效指数表现

综合分析省、市、县政府网站政务公开指标绩效情况，根据政府信息公开条例的要求，对指标中的本地区概况、组织机构、领导介绍、政策文件、人事信息、规划计划、统计数据等基础政府信息和政府信息公开目录、提供依申请公开政府信息渠道的情况进行统计分析，获得政府网站政务公开绩效指数情况。

6. 政府网站互动交流绩效指数表现

综合分析省、市、县政府网站互动交流指标绩效情况，根据咨询投诉、在线访谈、意见征集、网上调查等方式与公众开展互动交流活动的情况进行统计分析，获得政府网站互动交流绩效指数情况。

四 项目管理工具

（一）工具简介

对项目的评估流程进行管理，对项目中的关键时间点进行提醒，监控项目中的人员分工及完成情况，时刻监控评估项目的进度进展情况，确保项目的建设进度和质量。

通过应用项目管理工具，一方面，为了能够在有限的时间和资源条件下，实现项目的既定目标，使项目的运行始终处于可控的状态，需要对项目计划的执行过程进行跟踪、监视；另一方面，由跟踪过程获得的有关任务的进度信息也是进行项目任务控制与调度的依据。通过对项目执行过程的跟踪，不仅能及时发现项目计划事先考虑不周或容易出现意外情况的环节，为以后的项目计划与管理积累经验，而且也能及时将任务的进展情况反馈给评估工作组管理人员，为进行下一步的决策提供支持，对滞后的任务进行必要的补救，使之能够在预定的时间内完成。

（二）功能介绍

在系统中，网站绩效评估工作负责人可对评估组各个成员分配评估任务，评估成员可查看分配给自己的评估任务并可以设置任务里程碑。评估工作负责人可以时刻监控各个成员的评估工作进展情况，若某个成员存在任务超期的情况，系统将会对评估工作负责人和该评估成员进行提醒，最大限度保证项目评估工作的正常开展。

1. 用户权限划分

本系统设置为四类用户组：系统管理员、顶级管理用户组、管理用户组、普通用户组。系统管理员负责系统的维护、用户组管理等；顶级管理用户组可以查看本系统所有工作任务进度，可以为本系统所有用户分配工作任务，调整所有未完成工作的经办人等；管理用户组可以给除了顶级管理用户组成员外的所有用户分配工作任务，只能查看本人分配给他人的任务和顶级管理用户组分配给本人的任务，可以对本人所下发分配的和本人所承担的任务的经办人进行调整，填写任务进度情况等；普通用户组可以查看所有分配给本人的工作任务信息，调整所承担的任务转发给他人，填写任务进度情况等。

2. 系统用户登录

系统的登录界面如图 2－12 所示。

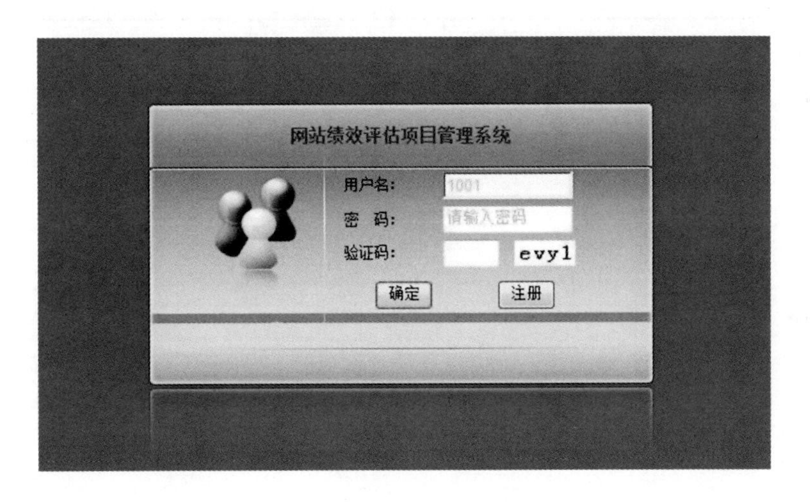

图 2－12　项目管理工具登录界面

3. 任务分配

为办理人分配任务，任务分配功能涉及任务名称、经办人、任务的开始时间、结束时间、里程碑计划、任务内容等，系统界面如图 2－13 所示。

新增任务信息

任务名称：	完成省直部门网站的绩效评估工作 *
经办人：	张三 *
开始时间：	2017-05-25 *
结束时间：	2017-05-31 *
任务内容：	
里程碑设置(可设置多个，最多10个)：	

开始时间	结束时间	任务内容
2017-05-25	2017-05-27	完成20%
2017-05-27	2017-05-28	完成50%
2017-05-28	2017-05-30	完成85%
2017-05-30	2017-05-31	全部完成

保存 返回

图 2－13 项目管理工具任务分配界面

4. 任务查看

可以查看评估任务的基本情况，系统界面如图 2－14 所示。

任务信息查看

任务编号：	7e5ef7b3-d1c9-430e-a337-f5f5b5618c4b *
任务名称：	完成省直部门网站的绩效评估工作 *
发布人：	李刚 *
经办人：	张三 *
开始时间：	2017-05-25 *
结束时间：	2017-05-31 *
任务内容：	完成工作
里程碑设置：	

开始时间	结束时间	阶段任务	完成情况
2017-05-25	2017-05-27	完成20%	未完成
2017-05-27	2017-05-28	完成50%	未完成
2017-05-28	2017-05-30	完成85%	未完成
2017-05-30	2017-05-31	全部完成	未完成

经办流程：<李刚>发布==========>交由<张三>办理 [2017/5/25 21:56:11]

图 2－14 项目管理工具任务查看界面

5. 任务审核申请

当经办人完成分配的评估任务后，可以向任务的分配者发起任务审核申请。任务的分配者对经办人完成的任务情况进行评估，并终止分配的任务，如图 2－15 所示。

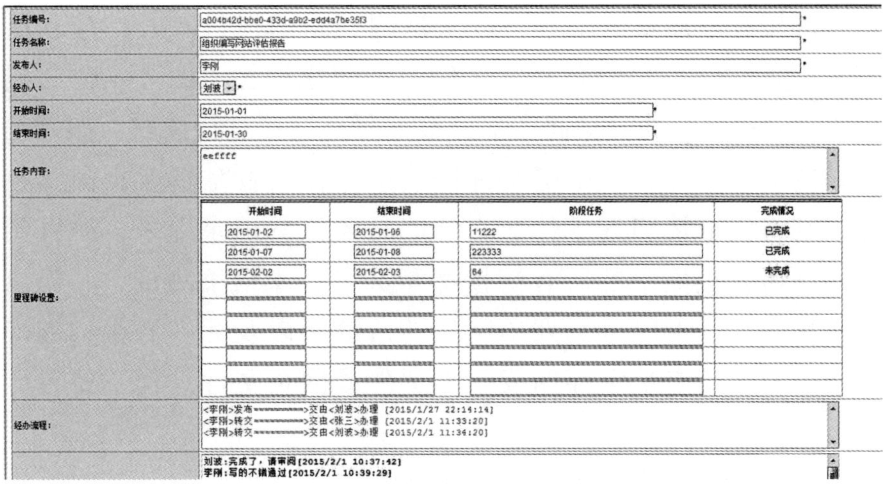

任务编号：	a004b42d-bbe0-433d-a9b2-edd4a7be35f3 *
任务名称：	组织编写网站评估报告 *
发布人：	李刚 *
经办人：	刘波 *
开始时间：	2015-01-01 *
结束时间：	2015-01-30 *
任务内容：	eeffff

开始时间	结束时间	阶段任务	完成情况
2015-01-02	2015-01-06	11222	已完成
2015-01-07	2015-01-08	223333	已完成
2015-02-02	2015-02-03	64	未完成

里程碑设置：

经办流程：
<李刚>发布==========>交由<刘波>办理 [2015/1/27 22:14:14]
<李刚>转交==========>交由<张三>办理 [2015/2/1 11:33:20]
<李刚>转交==========>交由<刘波>办理 [2015/2/1 11:34:20]

刘波：完成了，请审阅[2015/2/1 10:37:42]
李刚：写的不错通过[2015/2/1 10:39:29]

图 2－15 项目管理工具任务审核申请

6. 任务超期提醒

顶级管理用户组成员可以设置重要工作截止日期通知时间。例如，可以设置距离工作任务截止日期前一个月进行首页提醒，这样当顶级管理用户组登录系统后，在首页显示所有满足条件的任务清单，并可以进入清单添加进度提醒，这样该任务经办人登录系统后就可以看到进度提醒，如图 2－16 所示。

任务超期提醒				
任务名称	发布人	经办人	超期阶段	超期天数
组织编写网站评估报告	李刚	刘波	3	842

图 2－16 项目管理工具任务超期提醒

五 性能测试工具

（一）链接有效性测试模块

链接有效性是政府网站绩效评估重要指标之一，通过采用网站链接有效性测试工具辅助进行评估，有助于更加客观、更加合理地评估网站里所有链接的有效性。

链接有效性测试工具可以从待测网站的根目录开始搜索所有的网页文件，对所有网页文件中的超级链接、图片文件、包含文件、CSS 文件、页面内部链接等所有链接进行读取。如果是网站内文件不存在、指定文件链接不存在或者是指定页面不存在，则将该链接和处于什么文件的具体位置记录下来，一直到该网站所有页面中的所有链接都测试完后才结束测试，并输出测试报告。这可以分别列出网站的活链接以及无效链接，支持多线程，把检查结果存储成文本文件或网页文件。其主要特征如下：

（1）用户界面非常简洁，操作简单。

（2）检测彻底：能够检测到图片、框架、插件、背景、样式表、脚本和 java 程序中的链接。

（3）生成的检查报告形式合理多样，无效链接一目了然。

（4）提供出现无效链接的网页，方便扫除导出链接错误。

（5）能够侦测重定向 URL。

（二）点击量测试工具模块

针对网站绩效评估工作中政务微博相关指标项的评估工作，采用点击量测试工具进行辅助评估，对微博进行账号分析、传播分析等。

1. 账号分析

分析统计平均每日微博数、微博原创率、平均每日转发数、平均每日评论数和平均每条转发/评论次数等。同时，可以分析其粉丝的性别比例、发微时间分布、粉丝来源、粉丝地域分布等。

2. 传播分析

可以对某一微博的传播情况进行详细分析，也可以对微博的转发层级、转发者性别比例、评论者性别比例、转发者地域分布等进行统计分析。

六　安全测试工具

（一）远程安全评估模块

远程安全评估工具使用基于浏览器远程 HTTPS 链接的管理，可满足政府网站中安全评估的需求。它主要包括如下功能。

1. 智能端口识别

识别出开放在非标准端口的网络服务，并调用针对该服务的相关插件进行扫描，能够最大限度地探测网络的安全漏洞。对于端口伪装有很好的识别能力，从而提升扫描结果的准确性和有效性。

2. 模拟穿透

采用模拟真实入侵技术来检测主机安全性，这可能对系统服务有影响，但能保证最大限度地探测目前主机服务的安全性，并且能够探测目前可能还没有报告的安全问题（有时黑客也是通过此方法发现各种漏洞的）。为保证系统服务的正常运行，在默认选项里关闭了此项技术的使用。

3. 采用 Profile 的获取

采用多种技术通过不同途径获取目标系统的数十种信息，这些信息被称为被检测系统的 Profile。系统的 Profile 在进行脆弱性判定中使用，可保障评估结果的准确性。系统能获取到的 Profile 信息包括：操作系统名称、版本号、提供商名称、开放服务的 banner 信息、操作系统运行的进程情况、操作系统账号信息（包含用户名、密码）等。

（二）数据库漏洞扫描模块

数据库漏洞扫描模块是通过创建和执行安全策略来保护数据库安全。该模块能够自动地鉴别网站数据库系统中存在的安全隐患，能够扫描从口令过于简单、权限控制到系统配置等一系列问题。内置的知识库能够对违背和不遵循安全性策略的做法推荐修正的操作，并提供简单明了的综合报告和详细报告。

数据库漏洞扫描模块通过对数据库进行远程漏洞扫描，保障数据库的安全，防患于未然。其主要功能如下。

1. 端口扫描

可以扫描指定 IP 或指定 IP 范围内的活动数据库（IP 地址、数据库类型、服务名、端口号等）；提供自动搜索数据库服务器的功能，能够自动搜索出数据库的服务器的 IP 地址、数据库类型、服务名。

2. 策略管理

策略即数据库检测的依据和标准，分为授权检测策略和非授权检测策略。策略管理可以制定不同的检测标准。

3. 策略配置

根据用户的实际测试目的，定制不同的策略，分别对应三个模块：默认口令检测、sql 注入、缓冲区溢出。

4. 授权检测

使用具有 DBA 权限的数据库账户，按照选定的授权检测策略对目标数据库进行漏洞检测。

5. 非授权检测

依据数据库版本号按照选定的非授权检测策略对目标数据库进行检测。

6. 默认口令检测

根据策略进行数据库默认口令的检测，检测出的结果应用于 sql 注入和渗透检测。

7. SQL 注入

通过数据库默认口令的检测，可以查找出一些低权限的用户；通过把低权限用户提升为拥有 DBA 权限的用户，可以以 DBA 的身份查看数据库资源或运行 SQL 语句。

8. 缓冲区溢出

通过向缓冲区写入超出预分配固定长度数据，检测数据库程序的执行，从而确定数据库中数据缓冲器和返回地址的安全状态情况。

9. 报告管理

系统提供详细的检测报告及修复建议报告，可根据用户需要进行各种操作，或者将检测报告导出保存为 doc、pdf、html 等格式的文档。

10. 日志管理

记录该产品运行中的所有操作，提供对这些操作信息的筛选、查看等功能；也可将记录导出保存为 log 或 html 格式的文档。

11. 用户管理

产品用户分为三类：管理员、审计员和操作员。管理员可以对操作员进行权限分配；审计员可以审计程序运行日志；操作员可以根据自己权限情况进行相应的操作，使用相应的功能。产品中只包含一个管理员用户、一个审计员用户，操作员可有多个。操作员由管理员创建和删除。

12. 任务计划

定制任务执行计划。计划执行方式分为三种：一次性扫描、按日定时扫描、按周定时扫描。通过定制计划，可以使得程序在无人值守的情况下仍然可以进行数据库检测。

（三）协议分析模块

协议分析工具主要用于网络包分析，可以对网站的安全性进行评估。网络包分析工具的主要作用是尝试捕获网络包，并尝试显示包的尽可能详细的情况。

通过抓包分析，配合其他工具，分析数据的安全性，进而深度测试应用系统的安全性。

第三章　政府网站发展回顾

——以山东为例

第一节　山东省政府网站的发展总体特征

山东省是中国政府网站发展较早的省份之一，中国第一个严格意义上的政府网站——“青岛政务信息公众网”，于1998年4月正式亮相；2000年10月，“济南市政府信息公众网”经过一年多的试运行，正式开通，随后各地市级政府网站和各县（市、区）政府网站也逐步开始建设运行。

“中国·山东”政府门户网站于2005年12月28日开通试运行，2006年4月28日正式运行。“中国·山东”的建成一改往日省内各政府部门网站各自为战的局面，以统一的全国性政府门户网站的面貌，为公众提供更加丰富、便捷、高效的服务。在赛迪集团受国务院信息化工作办公室委托开展的中国政府网站绩效评估活动中，“中国·山东”政府门户网站近十年的排名情况如表3－1所示。从2007年开始，山东省政府网站排名稳步提升，济南、青岛等地市级政府网站也取得了较好的成绩。

表3－1　“中国·山东”近十年中国政府网站绩效评估结果　（分）

年份	总分	排名/总数
2007	28.54	21/32
2008	35.85	26/32

续表

年份	总分	排名/总数
2009	33.01	26/30
2010	17.68	31/32
2011	48.32	12/32
2012	55.40	16/32
2013	39.30	16/32
2014	55.10	14/32
2015	66.70	17/32
2016	70.40	15/32

山东省各级政府网站经过近20年的发展，已经形成以“中国·山东”政府门户网站为主，省政府部门、市、县各层级全面覆盖的政府网站体系。各级政府网站从最初单纯的信息发布平台，已经逐步发展为集信息发布、解读回应、互动交流、办事服务四大功能于一身，用户体验并行的政务交互平台。

为引导省、市、县各级政府网站提升建设质量，加强服务能力，提高网站整体应用水平，山东省信息化工作领导小组办公室从2007年开始，连续11年委托第三方评估机构开展山东省政府网站绩效评估工作。根据历年评估结果，围绕服务型政府建设，山东省各级政府网站建设取得了显著成绩，主要表现在以下几个方面。

一　从“广泛普及”到“全面覆盖”

“十一五”初期，山东省地市级政府门户网站拥有率于2006年率先达到100%，省政府部门和县（市、区）政府网站拥有率分别为90%和75%。到2009年，各级政府网站拥有率均达到100%，政府网站建设实现省、市、县各层级政府部门全面覆盖。

十年间，山东省各级政府网站一改过去“重技术、轻应用，重建设、轻运营”的观念，已经逐步由“信息公开、在线办事、政民互动”三大功能定位转变成新时代形势下的“新三大定位”——“更加全面的信息公开平台、更加权威的政策发布解读和舆论引导平台、更加及时的回应关切和便民服务平台”。

2007 年山东省政府网站绩效评估结果显示，各级政府网站建设水平普遍较低，特别是县级政府网站普及率低，且总体建设水平均未达到及格的标准。在每年评估指标的引导下，各级政府网站在网站建设质量和服务功能完善方面取得了长足的进步，省政府部门、市级政府、县级政府平均绩效总分稳步上升（见图 3-1），基本维持在良好的水平。各级政府不断优化门户网站内容架构，建设质量水平有了较大程度的提高，管理和运维也逐步加强。

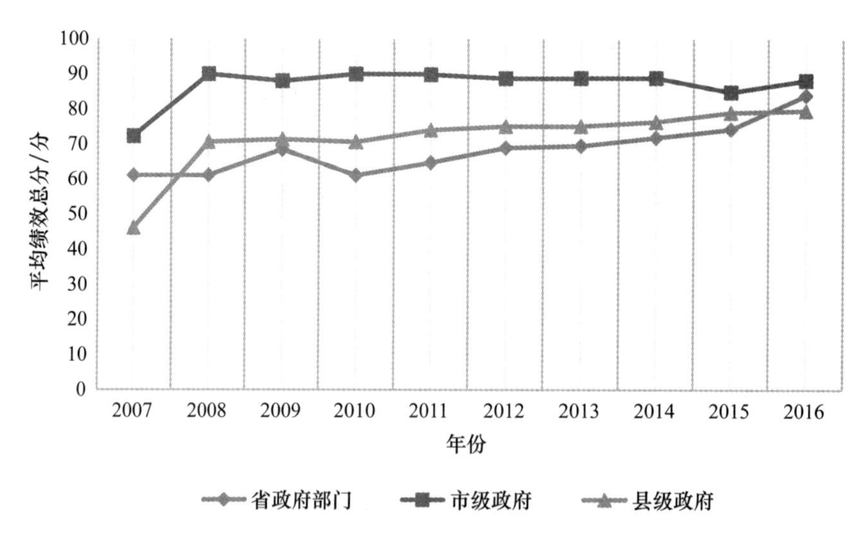

图 3-1 省政府部门、市级政府和县级政府平均绩效总分情况

在运行维护机制方面，不断加强政府网站的安全风险管理，对网站进行实时监管，加强安全管理手段，防止网站被挂马、篡改、SQL 注入、跨站脚本等攻击，防止网站被拒绝式服务攻

击造成不能正常访问，确保网站运行稳定正常，不会因被篡改、挂马等攻击被通报，网络安全防护能力明显改善。

二　从“名片式”网站到“服务型”网站

1999年被称为中国政府上网“元年”。自“政府上网工程”实施以来，各地方都积极进行了有益的尝试。2009年，江西省新余市外事侨务办公室网站因被网友发现只是“一张超大仿真图”，被调侃为“史上最雷政府网站”。多年来，服务实用性差，长期“休眠”不更新，网站与政务“两张皮”等问题，一直困扰着政府网站的建设和发展，政府网站给公众的印象成了以信息发布为主的“政府名片”。

山东省各级政府网站在发展初期，随着国家电子政务工作部署，以技术为导向，开始基础设施建设，网站也是以发布政府基本职能和工作动态信息为主，功能定位和发展方向不明确。在评估指标的指引下，随着信息公开、网上办事和公众参与的网站三大功能定位形成普遍共识，各级政府网站也逐步向“服务型”转变。

十年间，山东省各级政府网站以公众需求为核心，不断加强电子政务建设，深化公共行政改革，强化政府网站的功能服务定位，提升政府公共服务能力，充分满足公众多样化的需求，基本完成从“名片式”网站到“服务型”网站的转变。

三　从“政府信息公开”到“全面推进政务公开”

政务公开是增强政府公信力，保障人民群众知情权、参与权、表达权、监督权的重要途径。2007年4月，国务院颁布《中华人民共和国政府信息公开条例》，标志着中国政务公开走上法治化轨道。到2009年，山东省各级政府网站均建立了政府信息公开目录，17市政府也都建立了政府网站群，整合所辖县（市、区）政府和市政府部门的政府信息，集中公开展示。从

2010 年开始，政府信息主动公开数量显著增加，分类清晰有条理，更新快速及时。2009 年，全省各级政府网站主动公开各类政府信息 3560 余条；2010 年直线上升，增长到 22400 余条，以后逐年递增（见图 3－2）。依申请公开的数量和答复率、公开率，也有了明显提高。

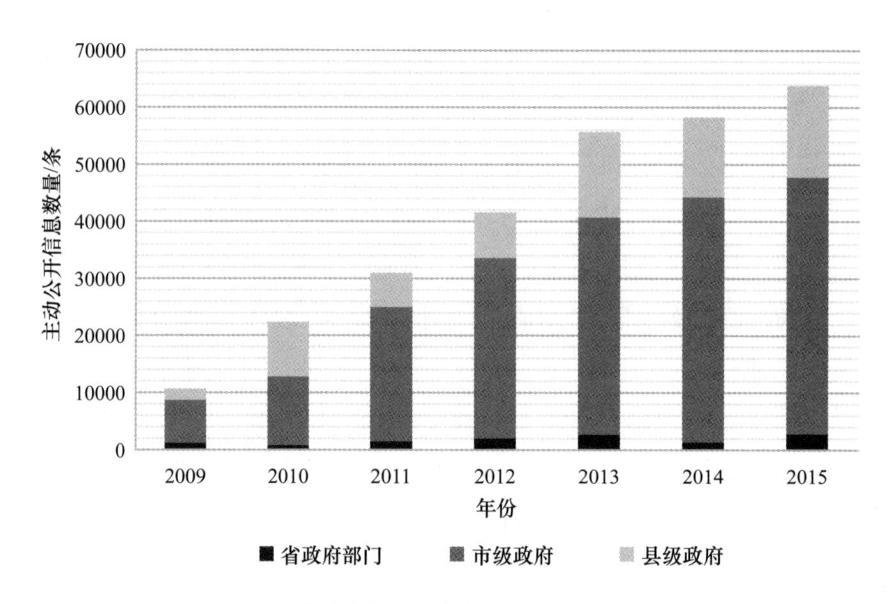

图 3－2　省政府部门、市级政府和县级政府网站主动公开政府信息数量情况

2016 年，中共中央办公厅、国务院办公厅印发的《关于全面推进政务公开工作的意见》（中办发〔2016〕8 号）明确要求提升政务公开能力，稳步推进政府数据共享开放。在 2016 年山东省政府网站绩效评估指标中，首次加入了“公共数据开放”，形成完善的网站内容指标。2016 年开始，山东省各级政府初步开始整合行业内或本地区的公共数据，探索性地在政府网站设置了公共数据开放目录，向公众开放政府数据资源，逐步建立健全社会利用机制。

四 从“百件实事网上办”到“互联网+政务服务”

为加强电子政务建设，提高政府网上服务能力，国务院信息化工作办公室于2007年印发了《关于开展政府网站“百件实事网上办”活动的通知》（国信办综函〔2007〕126号），山东省各级政府网站积极响应，纷纷在门户网站设立专题专栏。自2010年设立在线办事统计指标以来，各级政府网站在线办事数量和办结率逐年提升（见图3-3）。2015年山东省各级政府网站按照《关于加快我省电子政务集约化发展的实施意见》（鲁政办发〔2015〕7号）要求，政务服务逐步向全省电子政务公共服务云平台迁移，办事数量较往年有所下降，到2015年，平均办结率已经达到98.83%。

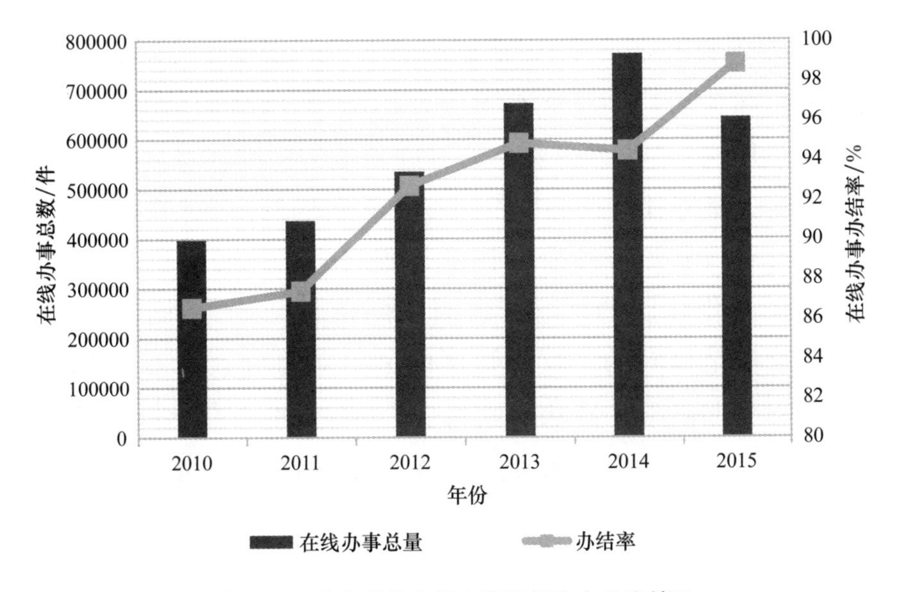

图3-3 政府网站在线办事总量和办结率情况

2013年开始，在线办事指标中增设了“政务办理导航服务”，评估各单位是否提供场景化服务和专业化服务。山东省各级政府网站积极整合服务资源，开展服务的多维度导航与检索，在网站设计人性化、场景式服务等方面进行了很多有益的探索。政府网站服务事项的提供也逐步由政府职能部门扩大到各类公共企事业单位、非政府组织和提供网上公共服务的企业等服务机构，加大了社会公益服务资源的整合力度，有效拓展了政府网站的服务范围。

2015 年 12 月底，山东省启动开通了省级政务服务平台暨山东政务服务网，运用信息化手段提高行政效率，方便人民群众办事，加强行政权力监督制约。从 2016 年开始，全省各级主要行政权力事项和公共服务事项纳入平台管理，办事服务、结果公示、办事咨询、监督评议等栏目建设逐步完善，省、市、县三级互联互通工作稳步推进。

五　从“政府单向决策”到“政民双向互动”

“‘现代政府’，一个很重要的标志，就是要及时回应人民群众的期盼和关切。”在 2016 年 2 月 17 日的国务院常务会议上，李克强总理说，“各部门要主动释放公众期待的信息，积极回应舆论关切，坚定社会信心，给市场一个明确的预期！”

公众参与和监督政府工作，是政府民主化建设的方向，也是政府民主化程度的标志。政府网站建设初期，对公众而言，政府决策多是单向的，政府管理也是单向的自上而下，逐渐形成“政府单向决策、公众被动接受”的局面。过去十年来，山东省各级政府网站不断畅通公众参与渠道，逐步开通了形式多样、内容丰富的政民互动栏目，“信访专栏”“在线咨询”“热点回应”“意见征集”“在线访谈”等亮点频现，政府网站管理思维模式正由“政府配菜”向“公众点菜”转变。

2013 年和 2016 年，国务院办公厅分别印发了《关于进一步加强政府信息公开回应社会关切提升政府公信力的意见》（国办发〔2013〕100 号）和《关于在政务公开工作中进一步做好舆情回应的通知》（国办发〔2016〕61 号），要求各级政府积极回应社会关切，打通政务公开“最后一公里”。大数据时代，随着政务微博、微信和政务客户端等新媒体的应用，政府网站需要与政务新媒体进一步融合发展，提升政民互动效果。

2010 年，评估指标中引入了“公众参与总数”和“答复率”的统计指标。从连续六年公众参与统计情况（见图 3－4）来看，由于 2015 年山东省各级政府网站按照国家和省级政府网站建设新要求，大多进行了全新的改版升级，公众参与部分数据未在新网站中进行统计，但总体上，各级政府网站公众参与总数量逐年递增，答复率也是稳步提升，2015 年平均答复率超过 98%。各级政府对于公众普遍关心的社会热点问题，都能够在政府网站主动发声，及时进行回应，解答公众疑问，较好地发挥了政府舆论引导的作用。

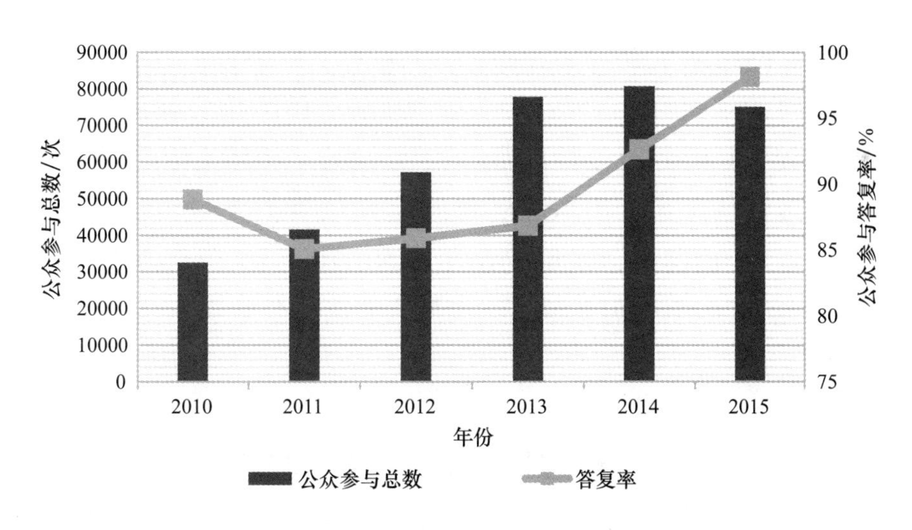

图 3－4 政府网站公众参与总数和答复率情况

六 从“严肃刻板”到“用户体验”

过去政府网站给公众的印象多较为严肃、刻板，显得高高在上，整个网站的色彩与风格也比较单调，版式繁杂错乱，搜索功能形同虚设，公众很难找到需要的信息。功能设置方面，也只是作为政府基本信息的发布平台，动态信息发布量极少，且更新缓慢，公众关注度和网站点击率非常低。

随着《政府网站发展指引》的发布，中国政府网站的建设和管理进入了标准化的时代，各级政府网站越来越注重政府网站的“用户体验”。山东省政府网站绩效评估早在2007年就已经在页面展示、设计特色、信息特性和辅助功能等方面评估网站建设情况。2013年，在线办事方面增加了场景化服务和专业化服务的指标。2014年，更是引入“包容性”指标，评估各级政府网站无障碍浏览服务提供的情况。经过十多年的发展，山东省各级政府网站坚持“以人为本”，赋予政府网站人性化内涵，彻底改变了政府网站严肃、刻板的形象。

第二节　山东省政府网站的发展阶段

政府网站的发展是动态的，遵循电子政务阶段发展规律，具有鲜明的规律性和阶段性特征。山东省各级政府网站的发展也具有较为鲜明的阶段性特征。根据2007—2016年山东省政府网站绩效评估结果，山东省各级政府网站发展大致可以分为三个阶段：“全面覆盖，初见成效（2007—2009年）”“内容丰富，逐步规范（2010—2013年）”“领导重视，公众关注（2014年至今）”。

一　第一阶段：全面覆盖，初见成效（2007—2009年）

随着“中国·山东”政府门户网站的正式运行，全省政府网站进入技术导向和全面普及的阶段。各级政府按照国家和省级电子政务工作部署，逐步开始政府网站软硬件平台等基础设施的建设与开发，重点解决政府网站有无的问题。地市级政府门户网站拥有率于2006年就已经达到100%。2007年，省政府部门网站拥有率为82.93%，县级政府网站拥有率为97.14%。到了2009年，各级政府网站拥有率全部达到100%，如图3－5所示。

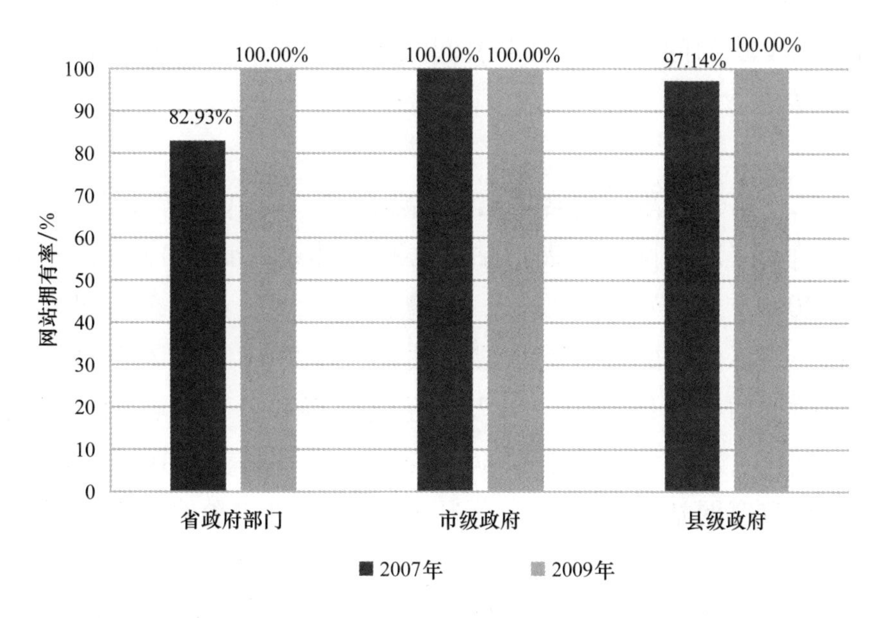

图3－5　政府网站拥有率变化情况

该阶段，以“中国·山东”政府门户网站为主，省政府部门、市、县各层级全面覆盖的政府网站体系初见成效。由于各级政府网站均处于技术建设阶段，以政府基本职能和工作动态信息发布为主。随着《中华人民共和国政府信息公开条例》的颁布实施，中国确立了政府网站作为政府信息公开主渠道的地位，政府信息公开也成为全省政府网站的“第一功能定位”。各级政府网站主要着重于政府信息公开目录的建设，普遍发布机构（地区）简介、政策法规、政府公告、人事信息、工作动态、招商项目等信息。

而且，这一阶段各级政府网站的功能定位和发展方向不够明确，办事服务和交流互动功能建设不够完善，缺乏对信息资源的深度整合。行政权力事项和公共服务事项的办理依旧以实体大厅为主，政府网站网上办事服务缺乏规范性与针对性，在线办事事项少，信息不全，线上线下不同步，在线办事功能实际应用率低。政民互动方面，还是以公开邮箱、电话等基本渠道为主，公众使用率极低，个别网站的公众参与只是流于形式，对公众反映的问题和意见未引起高度的重视，回复较少甚至没有回复。

二　第二阶段：内容丰富，逐步规范（2010—2013 年）

随着《政府网站发展评估核心指标体系（试行）》（工信部信〔2009〕175 号）的发布，信息公开、网上办事、政民互动的核心指标体系的重心逐步成为共识。在 2010 年山东省政府网站绩效评估指标体系中，引入了在线办事和公众参与的统计指标，强化了对在线办事和公众参与指标的评估。2010 年，山东省各级政府网站在线办事总量为 398600 余件，公众参与总数为 32500 余次。到了 2013 年，在线办事总数增长到 672400 余件，同比增长 68.69%；公众参与总数为 77900 余次，同比增长 139.69%。

这一阶段，各级政府网站的信息内容日趋丰富，服务功能逐步增强，服务水平不断提升，逐渐成为政府部门发布政务信息、提供办事服务、实现政民互动的主要渠道。

各市级政府和县级政府网站开始逐步重视“政府网站群”的建设模式，以部门网站和所辖下一级政府的门户网站为基础，统一规划，统一标准，建立了统一技术构架基础上的政府网站集群。多数政府网站对于政府信息公开的数量、类别以及下属机构的发布情况进行统计和展示，政府信息公开更加规范、有序、透明。

各级政府网站从“保增长、促民生”的大局出发，整合各类服务资源，提供“网站受理、后台办理、网站反馈”的“一站式、一体化”服务模式。它重点保障公众在教育、社保、就业、医疗、住房、交通等民生领域的基本服务需求，加强证件办理等办事服务资源的供给与整合，强化了与公众实际生活之间的紧密联系，提高了社会公众对政府网站的满意度。一些地方、部门网站在充分整合服务资源，开展服务的多维度导航与检索，设计人性化、场景式服务等方面进行了很多有益的探索。

各级政府网站结合用户使用习惯，不断完善网站功能，开通了留言类、信箱类节目以方便用户使用，并建立了实时访谈栏目，围绕公众关注度较高的问题征集民意、解答疑问、提供帮助，同时积极参与网站互动，加强言论引导，重视对公众问题的实时更新维护，减少了公众参与中出现的“受而不理，有问无答”现象。

另外，各市、县级网站不断完善营商环境栏目的建设，对政务环境和市场环境做了详细介绍。它专门开设投资专题页面，向外界宣传展现本地区特有的优势和地位，介绍本地区的投资动态、区位环境、产业优势、人才引进、政策信息、项目信息、投资聚焦、投资指南、投资咨询等情况，使企业能够深入地了解本区域政务环境和市场环境的相关信息。各市、县级网站作为地区面向企业的重要门户，对招商引资、拉动本地经济起到重要作用。

三　第三阶段：领导重视，公众关注（2014 年至今）

根据统计，截至 2016 年 12 月，山东省共有 . gov. cn 域名 4341 个，占到全国的 8. 1%，位列 31 个省、自治区、直辖市首位。从 2014 年起，网络时代的发展，“互联网 +”行动计划，“简政放权、放管结合、优化服务”的提出，都赋予了政府网站全新的使命和定位，山东省政府网站也随之进入快速发展期。

2015 年 1 月，时任中共山东省委副书记、省长的郭树清，在山东省第十二届人民代表大会第四次会议上明确指出，全面推进政务公开和各领域办事公开，完善政府信息发布制度，加强互联网政务信息数据服务平台建设，及时回应社会关切。互联网政务信息数据服务平台的建设需要依托政府网站，构建更加全面的信息公开平台、更加权威的政策发布解读和舆论引导平台、更加及时的回应关切和便民服务平台。

这一阶段，各级政府不断强化政府网站信息公开第一平台作用，明确政府网站作为网上政务服务平台的入口定位，不断拓展政府网站的民意征集、公众留言、建议咨询等互动功能要求，进一步明确政府网站是支撑政府治理能力现代化最重要的平台和载体。随着《政府信息公开条例》实施的深入、政务公开的全面推进，“以公开为常态、不公开为例外”的理念逐步深入，重点领域公开效果持续改善，政府信息公开已经初步实现了常态化。在此基础上，依托各级政府网站建立互联网政务信息数据服务平台，有计划、有步骤地推进地理信息、道路交通、公共服务、经济统计、资格资质、环境环保、行政管理等政府数据资源向社会开放，促进政府信息服务向深层次发展。2015年9月，青岛市建成政府数据开放网站，并成功上线运行，同时发布了首批可向社会开放的数据资源307个。

2016年9月，国务院发布了《关于加快推进“互联网+政务服务”工作的指导意见》（国发〔2016〕55号），从解决人民群众反映强烈的办事难、办事慢、办事繁等问题出发，简化优化办事流程，推进线上线下融合，及时回应社会关切，提供渠道多样、简便易用的政务服务。它强调了政府门户是“互联网+政务服务”的唯一入口，政府网站的重要性更加凸显。在传统的信息公开、在线办事和网民互动三大基础功能之上，还应打造“互联网+政务服务”的入口应用场景。“山东政务服务网”于2015年10月上线试运行，各级政府在规范行政许可等权力事项和服务事项的在线咨询、网上办理和结果公示的基础上，不断加大与门户网站的整合，提供政务服务入口。

从2014年开始，评估指标体系中引入了“包容性”指标，主要评估政府网站是否提供无障碍浏览服务。政府网站为以视障人士为主的身体机能差异人群和有特殊需求的健全人提供无障碍浏览服务，主要有无障碍网站浏览辅助功能版、无障碍网站语音朗读功能版、无障碍网站盲人语音版等形式的无障碍服务，拓展了服务群体，消除了残障人士和老年人士的数字鸿沟，保证了无论是健全人还是残疾人、无论是年轻人还是老年人都能够从各级政府门户网站平等、方便、无障碍地获取信息、利用信息的权利。这充分体现政府“以人为本”、关爱弱势群体的执政理念和政府网上公共服务的人性化关怀。

第三节　2007—2017年山东省政府网站绩效评估工作回顾

一　工作组织与开展

为积极适应电子政务发展需要，不断提高全省各级政府网站为政治、经济和社会发展服务的水平，山东省信息化工作领导小组委托第三方机构，本着以评促用、客观公正的原则，每年定期组织开展年度全省市、县级政府网站和省直部门网站绩效评估活动。

（一）评估目的

政府网站作为各级政府为公众提供便捷服务和交流互动的窗口，对推动社会进步与和谐社会建设发挥了越来越重要的作用，这给全省各级政府网站的建设和应用提出更高要求。政府网站绩效评估活动，旨在引导各级政府网站增强服务功能，强化公众监督，提高网上办事满意度，扩大公众参与度，准确反映社情民意，推动各级政府和部门开创工作新局面。

（二）评估方式

政府网站绩效评估活动，本着以评促用、客观公正的原则，委托第三方机构进行评估。评估数据由评估机构按照政府网站评估指标体系在规定的时段内采集，并进行计算打分。

（三）评估指标

根据国家和山东省电子政务发展趋势与要求，在参照工信部《政府网站发展评估核心指标体系（试行）》和山东省往年政府网站绩效评估指标体系的基础上，政府网站绩效评估指标体系将强调政府在线办事、公众参与等重点内容，分别建立省直部门网站绩效评估指标和市、县级政府网站绩效评估指标。

（四）评估范围

参加评估的网站范围是全省各级政府网站（.gov 域名网站），包括各市、县（市、区）政府门户网站和省直各部门网站。

（五）评估流程

每年网站评估工作的流程如下。

（1）每年4月以前，根据国家和山东省电子政务发展趋势与要求，在参照工信部《政府网站发展评估核心指标体系（试行）》（工信部信〔2009〕175号）和往年政府网站绩效评估指标体系的基础上，对本年度的评估指标体系进行调整和完善。

（2）每年5月，山东省信息化工作领导小组办公室向各市政府网站主管部门、各县（市、区）政府网站主管部门、省直各部门发布评估活动通知和评估指标。

（3）通知发布之日起至6月底为被评估网站整改期，各被评估网站根据本年度评估指标体系要求，对政府网站自查整改。

（4）每年7月，第三方机构进行第一轮数据采集，主要是依据评估指标体系开展“内容服务、功能服务、建设质量”等指标的数据采集工作，部分统计指标也开始第一轮数据采集工作。值得一提的是，整个数据采集过程都是通过评估机构自主开发的山东省政府门户网站绩效评估系统来完成。所有评估人员通过该系统实现对各个网站评估信息的录入和统计，并可对历史评估数据进行查看和分析。

（5）每年8月，第三方机构进行第二次数据采集，主要是对部分统计指标进行再次采集，以计算月增量。同时，也进一步检验和验证第一轮的数据采集结果。

（6）每年9月和10月，在山东省信息化工作领导小组办公室的领导下，第三方机构对评估数据进行统计分析，并编制评估报告。

（7）每年 12 月，根据评估结果对各级网站进行排序并通报，发布评估报告。对存在问题的政府网站，将提出书面整改意见通知网站所属单位。

（六）其他事项

省信息办将根据评估结果对各级网站进行排序并通报结果；对存在问题的网站，将提出书面整改意见，通知网站所属单位。

二　评估指标十年变迁

评估指标每年都会在年初制定，根据当年国家和省的最新政策文件和工作部署，参考历年评估指标体系设计和评估结果，并结合互联网最新发展形势和公众需求，经过意见征集和专家咨询，形成本年度的政府网站绩效评估指标体系。

从 2007 年开始，山东省政府网站绩效评估指标围绕信息公开、在线办事、公众参与的三大定位，设置了“网站内容服务”“网站功能服务”和“网站建设质量”三大一级指标，各指标权重变化情况如图 3－6 所示。

评估指标十年的变迁与山东省政府网站的发展一样，也主要分为三个阶段：第一阶段，主要评估“网站有没有”，关注各级政府是否开通了网站、内容是否及时更新，以及网站的访问情况；第二阶段，主要评估“栏目多不多”，以网站的三大定位为基础，评估各级政府网站内容丰富性和网站架构建设的规范性；第三阶段，主要评估“功能新不新”和“公众满不满意”，以公众、企业的信息和办事服务需求为本，重点评估各级政府民生领域信息公开情况和网站服务能力，同时逐步关注政府网站的用户体验。

（一）网站内容服务

2007 年 1 月 17 日，国务院第 165 次常务会议通过了《中华

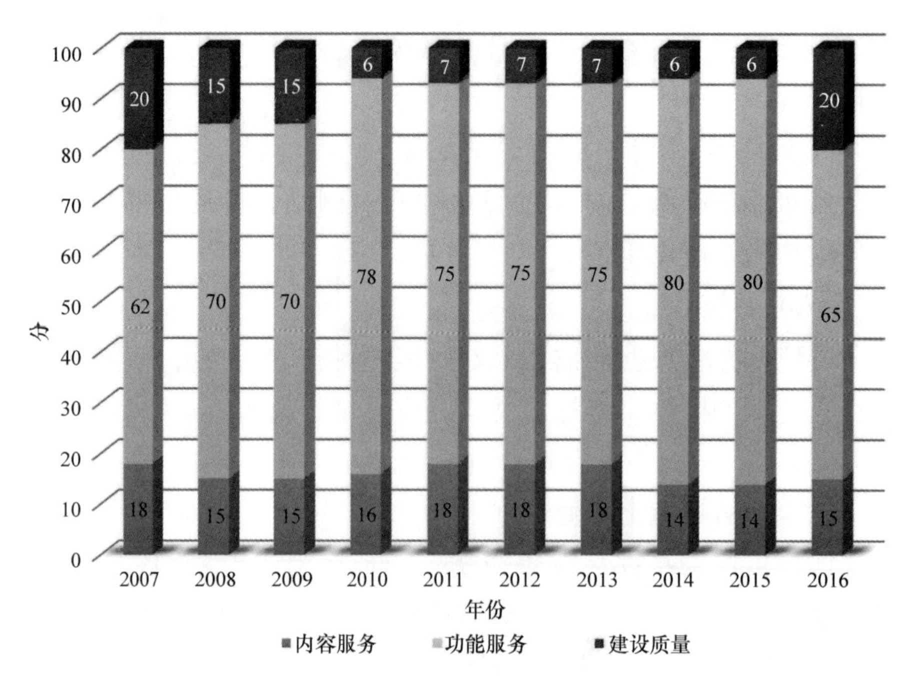

图 3－6　山东省政府网站绩效评估指标变化情况

人民共和国政府信息公开条例》，自 2008 年 5 月 1 日起施行。在 2007 年的评估指标体系中，就已经设置了“政府信息公开”的二级指标，主要评估各单位的概况信息、计划规划、法规公文、工作动态、人事信息、专题专栏等栏目的信息发布情况和更新及时性。

2009 年，增加了对统计指标的分析和评估，按照国家《政府网站发展评估核心指标体系（试行）》的要求，对主动公开的信息量的绝对数量和评估期内（1 个月）的新增量进行统计评估。

2013 年，在评估指标体系中，加入了对民生热点、行业统计信息公开的考察，进一步加强对社会关切的回应。

2014 年，在评估指标体系中加入了依申请公开和重点领域信息公开的指标项，在市、县级政府网站的指标中，加入了公共资源配置、重大建设项目、公共服务、国有企业、环境保护、食品药品安全和社会组织、中介机构信息公开的指标。

2016年，根据《国务院关于印发促进大数据发展行动纲要的通知》（国发〔2015〕50号）和《山东省人民政府办公厅关于加强政府网站信息内容建设的实施意见》（鲁政办发〔2015〕18号）要求，增设了公共数据开放指标。省政府部门重点评估各部门公共数据开放目录、公共数据管理办法、开放说明的制定和发布情况，同时综合评估数据开放情况和应用效果。市、县级政府方面，重点评估各级政府在经济建设、环境资源、城市建设、道路交通、教育科技、文化休闲、民生服务以及机构团体等领域的数据开放情况和应用效果。

（二）网站功能服务

2007年，政府网站绩效评估工作实施过程中，突出强调当年8月国信办倡导的“百件实事网上办”活动内容。评估工作中，在评估承担这百件实事具体部门或单位的网站时，重点评估了这些事项的服务便捷性、及时性，以及对办理结果的回复情况。指标设置方面，主要包括面向社会提供服务信息、行业信息、在线办事和公众参与的指标。市、县级政府方面，增设了整合下属机构政府信息的指标。

2008年，将“网站功能服务”的一级指标分值由62分增加到70分，强调政府网站功能服务的重要性。

2009年，加入了统计指标，对用户参与信息（包括在线办事的数量）的绝对数量和评估期内（1个月）的新增量进行统计评估。

2011年，在省政府部门的评估指标中，增加行政许可事项在线办事率的统计指标，根据三定方案，可在线办理的行政许可事项占三定方案中规定的省直单位应受理的行政许可事项的比例。

2013年，增加是否提供场景化服务和专业化服务、服务资源整合情况，是否能够进行个性化定制。增加营商环境指标，主要评估各级政府网站是否详细介绍其针对企业开设、纳税、关闭等方面的政务环境建设情况和针对企业经营、贸易活动、执行合约等方面的市场环境建设情况。

2014 年，增加在线业务申报应用效果指标，主要评估事项流程在线办理实现程度，公众能否方便、快捷使用在线办事，效果是否良好。增加在线业务申报网上预审指标，评估是否提供在线递交身份确认信息、申请表单等预审类相关材料的渠道。根据最新要求，删除了百件实事的指标。

2016 年，强调政府网站提供“互联网 + 政务服务”的入口，增加政府网站是否提供政务服务平台链接的指标。

（三）网站建设质量

自 1999 年“政府上网工程”实施以来，中国一直都在进行政府网站基础设施建设，政府网站建设质量也在不断提升。2007 年，主要设置了页面展示、设计特色、信息特性和辅助功能等指标。

2008 年，增设“用户调查”指标，强化网站管理对用户使用意见、反馈意见的及时反应。

2010 年，增加了公众参与中的公众参与数量、公众参与量（月）、参与答复率（月）等指标。

2011 年，增加 WAP 浏览指标，评估各网站能否用手机访问、访问速度、页面设置、内容全面情况。调整用户调查指标，将原“满意度统计”与“调查结果发布”进行整合，对于访问用户对网站内容、人性化等满意度以及反映网站的主要问题进行发布。

2013 年，增设网站安全指标，对网站建设安全性进行检查，主要检查网站目标 URL 存在 SQL 注入漏洞、目标 URL 存在跨站漏洞、目标 URL 存在 Microsoft Windows MHTML 脚本代码注入漏洞、目标数据库服务错误信息泄露、检测到目标服务器存在应用程序错误等安全问题。

2014 年，在评估指标体系中引入了“包容性”指标，主要是评估政府网站是否提供无障碍浏览服务。

三　十年评估经验与启示

（一）指标设计要遵循政府网站的发展阶段

科学的指标设计是做好评估工作的前提条件，指标设计通常也是体现一个评估机构实力的关键。指标体系的组成、权重的分配，各个指标采集方法与难易程度等，都需要评估机构在实施前仔细研究。由于政府网站的发展是动态的，这是政府网站绩效评估工作面临的一个最基本的现实。网站建设也具有阶段性的特点，每一发展阶段对政府网站提出的要求都是不同的。这就要求评估机构必须针对当前阶段政府网站发展形势，既不能超前，也不要滞后，适时更新评估指标体系，有效引导政府网站向更高层次、更高水平发展。

（二）评估指标对政府网站建设的引导作用

加强政府网站建设是推进政府管理创新、提高政府治国理政能力、建设服务型政府的重要举措。政府网站绩效评估是引导政府网站发展方向、推进政府网站应用深化的重要手段。因此，要充分认识网站绩效评估“以评促建、以评促用、以评促管、以评促改”的原则，通过评估重点、指标权重等设置，切实发挥评估工作的科学性和引导性，不断提升政府网站建设的质量和水平。

（三）将定期评估与实时动态监测相结合

通过 2015 年全国政府网站普查工作，进一步明确政府网站各类栏目、各类服务的更新频率和内容要素要求。许多“沉睡”的网站被唤醒，空白栏目得到更新维护，用户咨询信件的解答回复更迅速、更有保障。国务院办公厅决定自 2016 年起，对政府网站进行常态化抽查通报，每三个月按照一定比例随机抽查一次，这意味着给中国政府网站设定了“季考”制度。政府网站绩效评估工作过去较常采用定期评估的形式，这种形式存在两方面的问题：一是政府网站存在突击式工作应付评估，日常更新不及时；二是部分政府网站存在提供虚假或无效的服务信息现象。实施动态监测，可以有效解决定期评估的问题，所以需要借助网站用户访问行为精准监测工具，获取政府网站实时数据，在开展定期评估的同时，实现对政府网站绩效的动态监测。

（四）强化评估客体的差异评估和分类指导

山东省政府网站绩效评估面向全省各级政府网站，包括各市、县（市、区）政府门户网站和省直各部门网站。由于省政府部门所属行业和职能范围差异，各市、县（市、区）政府地区差异，经济水平发展不同，评估指标的制定和评估方法的改进要注重评估工作的科学性、合理性和公平性，探索一种根据不同区域类别政府网站特点，设置不同的指标，以求更加准确地衡量政府网站的绩效。针对不同评估客体，按照社会公众的实际需求，有针对性地开展评估工作，体现地方特色和部门特点。

（五）科学配置指标权重，合理设置计分方法

评估指标权重的大小表明指标的重要性程度，计分方法的正确、合理、科学与否，影响着最后的评估结果是否能真实、客观地反映政府网站的绩效，因此政府网站绩效评估指标体系在分配权重时应该客观、谨慎，在计分时应该注重科学、合理。由于省政府部门所属行业和职能范围不同，除了有针对性地制定评估指标及开展评估工作外，在计分方法上也要更加公平、公正。建议省政府部门评估指标分为共性指标和专项指标，共性指标为所有部门和涉及大多数部门的工作；专项指标为某个或几个部门（省政府部门多为牵头单位）特有的任务，按项设置附加分，各部门不等。

第四章　政府网站发展展望

——以山东为例

纵观政府网站发展的几十年历程，结合 11 年政府网站绩效评估经验和发现的问题，依据国务院出台的一系列政策文件，特别是 2017 年 5 月发布的《政府网站发展指引》（以下简称“《指引》”）里的最新要求，本书归纳出未来政府网站建设和发展的六个重点方向。

第一节　集约建设,技术引领

政府网站“集约化”，就是通过削减部分“无人无力无作为”的相关政府网站，完成其职责功能的上移整合，达到功能集中、便利百姓的目的。2015 年，山东省政府办公厅先后发布《关于加快我省电子政务集约化发展的实施意见》（鲁政办发〔2015〕7 号）、《关于加强政府网站信息内容建设的实施意见》（鲁政办发〔2015〕18 号），对推进政府网站的集约化建设提出明确要求。《指引》对政府网站的开设整合，对政府网站要达到何种集约化程度进一步做出细化。

山东省政府网站建设要加强统筹规划和顶层设计，充分利用大数据、云计算等技术，从两个层面保障和促进集约化。一是网站建设形式的集约化，要严格按照《指引》要求，规范政府网站开设和整合流程，杜绝重复建设。乡镇、街道和县级政府部门原则上不开设政府网站，通过上级政府门户网站开展服务。各市可参考济南模式，依托安全可控的云平台，整合市级各部门和各县（市、区）网站，打造规范高效的政府网站集群。二是网站功能内容的集约化，要汇聚网站政务公开、政务服务、交流互动等数据，建立集中共享的资源库，加强大数据分析挖掘，开发智慧应用，创新服务模式，提高协同联动水平和信息资源开发利用程度。

第二节　政务公开，全面深化

公开透明是法治政府的基本特征。全面推进政务公开是打造开放政府、加快建设法治政府的必然要求，是增强保障公众知情权、参与权、表达权和监督权的重要手段。从 2016 年年初两办联合发布《关于全面推进政务公开工作的意见》（中办发〔2016〕8 号）开始，政务公开相关政策频频出台，中国由“政府信息公开”跨进“全面推进政务公开”的新阶段。2016 年，山东省委办公厅、省政府办公厅联合印发《〈关于全面推进政务公开工作的实施意见〉的通知》（鲁办发〔2016〕43 号），结合每年度政务公开工作要点，对全省政务公开工作推进做出部署。

要严格执行《政府信息公开条例》（修订中）及相关制度，坚持以公开为常态、不公开为例外，不断强化政府网站政务公开第一平台的作用。探索在政府网站开设“五公开”专题专栏，促进行政权力运行全流程规范公开。通过网站解读政策时，制作便于公众理解和互联网传播的解读产品，从公众实际需求出发，通过数字化、图表图解、音频视频、动漫等形式予以展现。对涉及本地区、本部门的重大突发事件，要按程序及时发布由相关回应主体提供的回应信息。对社会公众关注的热点问题，要邀请相关业务部门进行权威、正面的回应，解疑释惑。力争到2020年，将省内各级政府网站打造成更加全面的政务公开平台、更加权威的政策发布解读和舆论引导平台、更加及时的回应关切平台。

第三节　政务服务，便民利民

“互联网+政务服务”作为“互联网+”的重要内容，是提升政府治理能力、创新社会管理范式、改善便民服务质量、激发社会创新活力的重要路径与关键举措。2016年，国务院发布《关于加快推进“互联网+政务服务”工作的指导意见》（国发〔2016〕55号），以加快推进“互联网+政务服务”工作，切实提高政务服务质量与实效。为贯彻落实该指导意见，山东省制订了《山东省加快推进“互联网+政务服务”工作方案》（鲁政办发〔2017〕32号）。2017年1月，《“互联网+政务服务”技术体系建设指南》（国办函〔2016〕108号）发布，进一步明确了具体要求。

在新技术、新需求的双轮驱动下，政府网站作为“互联网+政务服务”的重要支点，正朝着“一体化顶层架构、平台化服务模式、社会化服务渠道、数据化科学决策、智慧化政府治理”的方向迈进。山东省要按照《“互联网+政务服务”技术体系建设指南》和《指引》要求，进一步完善统一政务服务平台，做好省市县三级政务服务平台的连通，注重各地区各部门政府网站在线办事模块与政务服务平台的衔接。力争到2020年，形成省级统筹、整体联动、部门协同、一网办理的全省“互联网+政务服务”体系；政务服务事项办理“应上尽上，全程在线”；实体政务服务与网上政务服务无缝衔接、合一通办；政务服务智慧化水平大幅提升，企业和群众办事更加便捷高效。

第四节　政民互动，社会民生

政府网站作为政府与公众沟通的桥梁，交流互动一直以来就是政府网站的一项重要功能，近年来其作用更加凸显。充分完善政府网站的公众参与功能，是扩大民主并保障公众参与权、表达权和监督权的有效方式，是建设服务型政府和开放型政府的基本要求。《关于全面推进政务公开工作的意见》与时俱进，不仅重申了政民互动的重点地位，还对扩大公众参与提出更多、更高、更新的要求。《指引》在互动交流平台建设、互动栏目开设、网民咨询回应、互动信息利用等方面进一步做出明确规定。

今后，山东省各级政府门户网站要搭建统一的互动交流平台，实现留言评论、在线访谈、征集调查、咨询投诉和即时通信等功能。部门网站开设互动栏目，尽量使用政府门户网站统一的互动交流平台。建立网民意见建议的审看、处理和反馈等机制，做到件件有落实、事事有回音。认真研判公众提出的意见建议，并及时公开受理反馈情况。对网民咨询和反馈信息进行深度挖掘利用，编制形成知识库，实行动态更新，可作为今后答复类似问题的参考。充分利用互联网优势，积极探索公众参与新模式，提高政府公共政策制定、公共管理、公共服务的响应速度。通过积极的政民互动，问政于民、问需于民、问计于民，让公众更大限度地参与政策制定、执行和监督，增进公众对政府工作的认同和支持。

第五节　数据开放，大势所趋

开放数据是指政府通过网站向社会公布的、经过脱敏的、机器可读的公共数据。社会力量充分开发利用政府数据资源，可以培育更多新产品、新业态和新模式，推动开展众创、众包、众扶、众筹，为大众创业、万众创新提供条件。近几年，中国快速推动政府数据开放工作。2015 年，国务院印发《促进大数据发展行动纲要》（国发〔2015〕50 号），首次在国家层面提出“公共数据资源开放”的概念，将政府数据开放列入中国大数据发展的十大关键工程。2016 年，《山东省人民政府关于促进大数据发展的意见》（鲁政发〔2016〕25 号）出台，也对数据开放做出明确部署。

山东省要按照《促进大数据发展行动纲要》和《山东省人民政府关于促进大数据发展的意见》的要求，实施政府数据资源清单管理，制定开放目录和数据采集标准，建立山东省统一的公共数据开放平台，稳步推进公共数据资源开放。依托政府门户网站，面向社会公众集中免费开放可加工的政府、企事业单位公共数据资源，优先推进地理信息、道路交通、公共服务、经济统计、资格资质、环境保护、行政管理等政府数据向社会开放。继续通过在全省政府网站绩效评估、全省政务公开评估中设置公共数据开放指标等方式，促进引导各级各部门开放政府数据，支持鼓励社会力量充分开发利用政府数据资源。

第六节　长效机制，未来可期

建立长效机制，为政府网站的建设工作确立一套完整的、可操作性高的统一规划和技术标准，可以充分发挥政府网站的整体效益，使信息公开渠道更加畅通，让我们的政府真正成为公开透明的政府。《指引》对政府网站的机制建设方面做出明确的部署和要求。

山东省政府网站建设要严格按照《指引》要求，继续健全工作机制。监管机制建设方面，各地区、各部门每季度至少要对政府网站信息内容开展一次巡查抽检并及时在门户网站公开检查情况；制定政府网站考评办法，将考评结果纳入政府年度绩效考核和重点督查事项；将政府网站工作纳入干部教育培训体系，定期组织开展培训。运维机制建设方面，要建立专人负责制度，指定专人对政府网站信息内容和安全运行负总责；建立24小时值班制度，及时处理突发事件，编辑、审核和发布相关稿件；统筹考虑并科学核定内容保障和运行维护经费需要，把政府网站经费足额纳入部门预算。同时，政府网站要建立与新闻宣传部门及主要媒体的沟通协调机制，共同做好政策解读、回应关切等工作。

附录一　2016 年山东省政府网站绩效评估报告

引　言

在以信息化推进国家治理体系和治理能力现代化的大背景下，随着中国信息化水平的不断提高和网络强国战略、大数据战略以及“互联网 +”行动计划的深入实施，互联网与政府治理深度融合，“互联网 + 政务”已成为政府转型的必经之路，在提高政府行政效率、提升政府公共服务能力等方面发挥着日趋重要的作用。

习近平总书记在中央政治局第三十六次集体学习时，指出“社会治理模式正在从单向管理转向双向互动，从线下转向线上线下融合，从单纯的政府监管向更加注重社会协同治理转变”。李克强总理在 2016 年全国两会的《政府工作报告》中提出要“大力推进‘互联网 + 政务服务’，实现部门间数据共享，让居民和企业少跑腿、好办事、不添堵”，“互联网 + 政务”开启了政务服务的新时代。

2016 年 8—12 月，省信息化工作领导小组办公室组织的 2016 年山东省政府网站绩效评估工作，主要针对省直各部门和市政府、县（市、区）政府门户网站进行了全面、细致的绩效评估。本次评估工作旨在引导各级政府网站增强服务功能，优化内容架构，促进各级政府网站进一步加强政府信息公开力度，强化公众监督，提高网上办事满意度，扩大公众参与程度，准确反映社情民意，促进山东省行政管理体制改革和服务型政府建设，推动各级政府和部门开创工作新局面。

第一部分　政策依据与工作基础

近年来，各级政府根据中共中央办公厅、国务院办公厅的要求，进一步强化政府门户网站信息公开第一平台作用，整合信息资源，加强协调联动，将政府网站打造成为更加全面的信息公开平台、更加权威的政策发布解读和舆论引导平台、更加及时的回应关切和便民服务平台。

各级政府要强化互联网思维，利用互联网扁平化、交互式、快捷性的优势，听清楚、想清楚、讲清楚，用信息化手段更好感知社会态势，畅通沟通渠道，辅助决策施政，才能更好地实现政府决策科学化、社会治理精准化、公共服务高效化。

一　加强政府网站信息内容建设，切实督促自查整改

在互联网时代，能不能办好政府网站，需要的不只是专业的技术，还有深深扎根于执政为民理念中的互联网思维。2015年以来，中国以政府网站普查工作为契机，划定了政府网站底线，加强信息内容建设，提升了政府网站的影响力和传播力，夯实了创新发展基础。

2015 年 3 月，国务院办公厅公布了《关于开展第一次全国政府网站普查的通知》，部署从 2015 年 3 月至 12 月，对全国政府网站开展首次普查。这是首次对全国各级政府网站的摸底，普查范围和检查力度空前，涵盖几万政府网站，可谓“上至国家部委、下至地方乡镇”。普查的重点是网站的可用性、信息更新情况、互动回应情况和服务实用情况等。

同年 12 月，国务院办公厅正式发布了《关于第一次全国政府网站普查情况的通报》，公布全国政府网站普查结果。16000

余家政府网站因存在信息更新不及时、内容发布不准确、咨询信件长期不回复、服务不实用等严重问题而关停上移。截至 2015 年 11 月，各地区、各部门共开设政府网站 84094 个。其中，普查发现存在严重问题并关停上移的有 16049 个，正在整改的有 1592 个。正常运行的 66453 个政府网站中，地方网站有 64158 个，国务院部门及其内设、垂直管理机构网站有 2295 个。通过整改，全国政府网站信息不更新、内容严重错误、咨询信件长期不回复、服务不实用等问题明显减少。

2016 年第二次全国政府网站抽查情况的通报显示，大部分政府网站内容保障水平显著提升，“僵尸”“睡眠”等现象明显减少，总体抽查合格率为 85%。另据报道，继 2015 年开展了首次全国政府网站普查后，国务院办公厅决定自 2016 年起，对政府网站进行常态化抽查通报，每 3 个月按照一定比例随机抽查一次，这意味着给中国政府网站设定了“季考”制度。

二　强化信息公开第一平台作用，全面推进政务公开

2016 年 2 月，中共中央办公厅、国务院办公厅（以下简称“两办”）联合印发了《关于全面推进政务公开工作的意见》（中办发〔2016〕8 号）（以下简称《意见》），这是“两办”继 2011 年联合印发《关于深化政务公开加强政务服务的意见》（中办发〔2011〕22 号），时隔五年之后，再度联合发文，对政务公开工作做出专门的全面部署。

《意见》指出：“公开透明是法治政府的基本特征。全面推进政务公开，让权力在阳光下运行，对于发展社会主义民主政治，提升国家治理能力，增强政府公信力，保障人民群众知情权、参与权、监督权具有重要意义。”

《意见》还要求，在政务决策、执行、管理、服务、结果和重点领域等范围内，全面推进政务公开和信息公开。这使得中国的政务公开范围远远超过目前的行政许可法、环境保护法等

专门法律和政府信息公开条例等行政法规所规定的信息公开范围，使中国的公开透明政务制度建设，从“政府信息公开”跃上“全面政务公开”的新台阶。

2016年10月31日，李克强总理在国务院常务会议上明确表示“政务公开是政府必须依法履行的职责。只要不涉及国家安全等事宜，政务公开就是常态，不公开是例外！”

中办、国办印发《关于全面推进政务公开工作的意见》后，常务会议确定了全面推进政务公开相关实施细则，促进政府施政更加透明高效，也是《意见》的重要落地之举。

李克强强调，市场经济“预期管理”非常重要，政务公开是其中一个重要环节。公开透明就是要给市场一个明确的信号，给各界一个稳定的社会经济发展预期。对于涉及广大群众切身利益，影响市场预期和突发公众事件等重点信息，有关地方和部门要及时主动发声。“对于可能引发公众舆论的热点要提前‘推演’，对于相关的质疑声音要及时回应。”总理说，“各级政府一定要时刻绷紧政务公开这根‘弦’，主动回应关切，引导社会预期！”

三　以信息化手段打通数据壁垒，大力推进政务服务

让数据多跑路，让群众少跑腿。中办发〔2015〕21号、国发〔2015〕29号、国办发〔2015〕86号等文件，陆续提出“简化办事环节和手续，优化公共服务流程，全面公开公共服务事项，实现办事全过程公开透明、可追溯、可核查”等要求。李克强总理在2016年全国两会的《政府工作报告》中也提出要“大力推进‘互联网+政务服务’，实现部门间数据共享，让居民和企业少跑腿、好办事、不添堵”。政务服务正在迈向“互联网+政务服务”的新时代。

2016年2月，省政府办公厅印发了《全省政务服务平台互联互通工作实施方案》（鲁政办字〔2016〕19号），要求加快建

设和完善市、县（市、区）政务服务平台，推动实体政务大厅向网上办事大厅延伸，实施各级政务服务互联互通，大力拓展“互联网＋政务服务”覆盖面，逐步实现政务服务的网络化、移动化、智慧化，努力形成全省主要行政权力“一张网”运行和企业、群众办事“一网通”，向社会提供便捷、高效、规范的网上政务服务。2016 年 9 月，国务院印发了《关于加快推进“互联网＋政务服务”工作的指导意见》（国发〔2016〕55 号），提出 2020 年年底前，建成覆盖全国的整体联动、部门协同、省级统筹、一网办理的“互联网＋政务服务”体系，大幅提升政务服务智慧化水平，让政府服务更聪明，让企业和群众办事更方便、更快捷、更有效率。

2015 年 12 月底，山东省启动开通了省级政务服务平台暨山东政务服务网。建设省级政务服务平台是运用信息化手段提高行政效率、方便人民群众办事、加强行政权力监督制约的重大举措，对于转变政府职能、建设法治政府具有重要作用。目前，省级行政权力网络运行、电子监察等六大系统已经建成，具有行政许可职能的 45 个省直单位 760 项行政许可事项、1200 项公共服务事项，已经纳入省级政务服务平台管理。

四　持续提升政民互动交流水平，全力做好舆情回应

任何一项重大决策，若没有公众参与，注定行之不远，非但易使公众产生误解或质疑，还给政府形象和公信力造成不良影响。政府网站应切实发挥政策解读宣传、政民互动交流的强大功能，为转变政府职能、提高管理和服务效能，推进国家治理体系和治理能力现代化发挥积极作用。

2016 年 8 月，国务院办公厅印发了《国务院办公厅关于在政务公开工作中进一步做好政务舆情回应的通知》（国办发〔2016〕61 号），对各地区各部门政务舆情回应工作做出部署。它要求对涉及重大突发事件的政务舆情，要快速反应、及时发

声，最迟应在24小时内举行新闻发布会。同时，对出面回应的政府工作人员，要给予一定的自主空间，宽容失误。

第二部分 政府网站评估指标体系

2016年，各级政府部门的信息化工作呈现出良好的发展态势，政府网站作为各级政府与人民群众交流互动的窗口、提高政府办事效率的手段，发挥着越来越重要的作用，这也给2016年山东省政府网站绩效评估工作提出更高的要求。根据国家和山东省电子政务发展趋势与要求，在山东省2015年政府网站绩效评估指标体系的基础上，本着真正实现政务公开、准确反映民生民意、贴近当前社会热点的政府网站建设目标，制定了2016年山东省政府网站绩效评估指标体系，以对山东省各省直、市级和县级政府网站进行系统、科学、客观的评估、考核。

一 指标体系概述

整体来说，政府网站评估指标体系为三级树形结构。其中，一级指标包括政府信息公开、办事服务、公众参与和网站功能，这四项指标在政府网站评估体系中有各自的权重，权重总和为100。

（一）一级指标分析

用户通过政府网站获取信息，主要有以下两个方面的目的：首先是为了监督各级政府的工作，这就要求政府要很好地公开自己工作中产生的信息，尽最大可能呈现出“透明的政府”，借助现代信息技术，从而彰显“门户”作用。政府信息公开是监督各级政府的重要方式之一。

其次，用户在政府网站上意图达到的目的是很好地享受政府提供的服务，这也是贯彻建设“服务型”政府战略的方式之一。因此，一级指标中的“办事服务和公众参与”的主要目的是考察在政府网站上是否提供丰富、全面的功能，冀图以指标为切入点，督促各级政府以行政职能为基础，不断拓展公共服务内容，最大限度地提升功能服务项目的数量，提高政府网站的可用性与实用性。

另外，鉴于网站整体建设质量的提高，本次网站评估工作增加了网站功能的指标内容，主要对可视化效果、站内搜索、信息处理统计、包容性建设和安全风险管理等内容进行评估。

（二）小指标分析

每个一级指标都分别分解为二级指标，对应同一第一级指标的二级指标的权重总和为100；二级指标进一步分解为三级指标，对应同一第二级指标的三级指标的权重总和为100。整个指标体系在政府信息公开、办事服务和公众参与三个方面占了很大的权重，体现对各部门、各辖市区政府网站发展的积极、正确的引导作用。

在进行评价时，先把指标中各项进行成绩累加，形成单个指标的成绩，最终累加成为总成绩。

（三）统计指标分析

本次网站评估调整了整个统计指标的分析和考核分数。在2015年统计指标的基础上，结合2016年政府网站评估相关政策，为了使评估工作更加科学、合理、公平，降低了统计指标的分值。统计指标主要包括信息公开、在线办事和公众参与的数量。

计算分数时，将各政府网站的各项指标统计数量根据指标的特点进行细化、分级，每级分别获得相应的分数，最终确定具体得分。

二　具体指标分析

（一）政府信息公开

1. 基础信息公开

基础信息公开下设8个三级指标：概况信息、工作动态、法规文件、人事信息、民生热点、计划规划、政府信息公开指南、政府信息公开年度报告。此外，市级、县级还包括政府公报一个三级指标。

对省直部门而言，“概况信息”重点考察部门基本概况的公开，主要考察机构职能、行业概况、领导信息。而对于市级和县级政府来说，主要考察是否有领导的介绍、新闻信息、地区情况的介绍等基本概况。

“工作动态”指标中应有以下内容：通知公告、政府会议、日常工作情况。省直部门除此之外，还需要有行业动态信息等内容。

“法规文件”主要考察国家法律规章、规范性文件等内容。省直部门除此之外，还要考察行业机构重要发文等内容。

“人事信息”重点考察人事任免、公务员考录和教育培训等相关的信息内容。市、县级政府除此之外，还需要有干部选拔等内容。

对省直部门而言，根据省直单位自身特点，考察其在贴近民生的领域发布的政策、措施和相关服务等信息的情况。对于市级和县级政府来说，考察其在教育、医疗、社保、就业等民生领域发布的政策、措施和相关服务等信息的情况。

“计划规划”小指标重点考察各部门、各级政府的工作年度计划、发展规划等内容。

政府信息公开指南、政府公报（省直部门政府网站无此考察项目）、政府信息公开年度报告小指标重点考察是否存在此组配项，此组配项是否可以打开。

2. 重点领域信息公开

对省直部门而言，根据省直单位自身情况，考察其行政权力清单和财政资金情况。对于市级和县级政府来说，还须考察其在住房保障、食品药品安全、生产安全、环境保护、征地拆迁、高校信息公开、国有企业、重大项目建设、社会保险和就业服务等信息的情况。

3. 公共数据开放

公共数据开放为2016 年新加评分指标，重点在于引导各单位建立公共数据开放目录，实现公共数据资源合理适度向社会开放。对省直部门而言，重点考察数据开放目录、数据开放说明办法和制度、数据开放情况；对于市级和县级政府来说，开放情况包括经济建设、环境资源、城市建设、道路交通、教育科技、文化休闲、民生服务和机构团体八个方面。

4. 依申请公开

“依申请公开”指标中应有以下内容：申请说明、提供申请表格下载、开设在线申请渠道。

（二）办事服务

对省直部门而言，“办事服务”包括办事说明、办事效果和服务平台三个方面。办事说明包括办事指南规范性和申报材料下载 2 个三级指标，办事效果包括系统可用性和办事栏目应用情况 2 个三级指标。

对于市级和县级政府而言，“办事服务”包括面向社会服务信息、营商环境、办事说明、办事效果、服务平台。面向社会服务信息包括面向个人和面向企业 2 个三级指标；营商环境包括政务环境和市场环境 2 个三级指标；办事说明包括办事指南规范性和申报材料下载 2 个三级指标；办事效果包括系统可用性和办事栏目应用情况 2 个三级指标；服务平台是指建设本级政务服务平台，并在网站提供政务服务网的链接。

（三）公众参与

“公众参与”下设 3 个二级指标：咨询建议、调查征集和热点关注。咨询建议包括栏目建设和答复质量 2 个三级指标；调查征集包括栏目建设和调查征集情况 2 个三级指标；热点关注包括在线访谈和新闻发布会 2 个三级指标。

1. 咨询建议

“咨询建议”主要考察信访、留言等栏目的开通运行情况，并重点考察其应用效果。

2. 调查征集

“调查征集”重点考察意见征集、网上调查等民意征集栏目的建设开通情况，并查看调查结果和意见征集的反馈情况。

3. 热点关注

“热点关注”主要考察在线访谈栏目的开通和开展情况，并对新闻发布会的发布情况进行评分。

（四）网站功能

“网站功能”下设 5 个二级指标：可视化效果、站内搜索、信息处理统计、包容性建设和安全风险管理。可视化效果包括页面展示和页面效果 2 个三级指标；站内搜索包括站内搜索功能建设和搜索结果情况 2 个三级指标；信息处理统计主要考察信息公开、在线办事和公众参与的数量；包容性建设包括无障碍浏览和支持多种语言 2 个三级指标；安全风险管理包括安全管理手段和安全运行效果 2 个三级指标。

1. 可视化效果

本类小指标主要考察目标网站的一些辅助功能，如网站美观、易用、布局合理等。

2. 站内搜索

“站内搜索”主要考察站内搜索结果的准确性、易用性情况。

3. 信息处理统计

本类指标主要是对信息公开、在线办事和公众参与的数量进行统计分析。

4. 包容性建设

本类小指标主要考察目标网站是否提供无障碍浏览服务和支持多种语言的功能。无障碍浏览服务指在原有基础上支持字体放大、特殊界面设置、色调调节、辅助线添加、语音等功能，为视觉障碍、老年人等特殊人群提供网上通道。

5. 安全风险管理

"安全风险管理"主要考察网站是否有防护手段，是否长期运行稳定正常。

三　2016 年指标体系发展分析

(一) 2016 年指标体系概述

2016 年山东省政府网站绩效评估指标体系为三级树形结构，总分为 100 分。一级指标包括政府信息公开、办事服务、公众参与和网站功能四部分，其中省直部门网站政府信息公开指标占总分值的 15%，办事服务指标占总分值的 30%，公众参与指标占总分值的 35%，网站功能指标占总分值的 20%；市、县级政府网站政府信息公开指标占总分值的 20%，办事服务指标占总分值的 30%，公众参与指标占总分值的 30%，网站功能指标占总分值的 20%。每个一级指标分别分解为二级指标，二级指标进一步分解为三级指标。同时，为了引导政府部门建立公共数据开放机制，2016 年增加了公共数据开放的评估指标。

(二) 2016 年指标体系分析

根据 2016 年山东省政府网站绩效评估工作要求，结合当前人民群众所关心的社会问题和社会热点，2016 年山东省政府网站绩效评估指标体系相对于 2015 年做了较大的调整。

1. 省直部门网站绩效评估指标

(1) 增加了"政府信息公开—公共数据开放"指标。

(2) 增加了"办事服务—服务平台—政务服务平台链接"。

(3) 增加了"网站功能—安全风险管理"指标，目的是考核网站是否具有防护功能和维护网站运行稳定功能。

(4) 其他个别指标分值的调整（名称进行了更改变动）。

2. 市、县级政府网站绩效评估指标

（1）增加了“政府信息公开—公共数据开放”指标。

（2）增加了“办事服务—服务平台—政务服务平台链接”。

（3）增加了“网站功能—安全风险管理”指标。目的是考核网站是否具有防护功能和维护网站运行稳定功能。

（4）其他个别指标分值的调整（名称进行了更改变动）。

第三部分 主要结论

从本次政府网站绩效评估的整体情况看，各级政府网站主要呈现以下特点。

一 基础信息公开全面深入，重点领域信息公开成效初显

政府信息公开是政府网站政务公开的主体和服务公众的前提。评估结果显示，各单位均能够认真贯彻落实《政府信息公开条例》和《山东省政府信息公开办法》要求，切实推进政府信息公开工作，信息发布质量进一步提高。大多数网站政府信息目录发布做到了“一步到位”；概况信息、工作动态、通知公告、本地概况等基础性信息发布继续保持高水平；法规文件发布情况较好，基础信息公开全面深入。在评估指标的引导下，行政权力清单、财政信息等重点领域信息公开取得明显成效，门户网站政府信息公开内容不断丰富，覆盖逐步全面，让公众能够在第一时间获得政府的公开信息，增强了政府网站的实用性。

二 网上政务服务高效便捷，三级互联互通工作稳步推进

在线办事是政府门户网站为公众服务的“最高境界”。评估结果显示，山东省各级政府网站在线办事水平比上年有所改善。各网站提供了大量办事表单供用户下载使用，贯彻了“人性化”

原则，通过在线申报方式办理行政服务事项的网站有所增加，办事指南的实现程度有所提高，政府的服务意识和服务水平进一步提升，网上政务服务高效便捷。省级网上政务大厅和山东政务服务网建设逐步完善，满足承载跨层级政务服务应用的需要。三级互联互通工作稳步推进，全省各级主要行政权力事项和公共服务事项纳入平台管理，办事服务、结果公示、办事咨询、监督评议等栏目建设逐步完善。

三　政民互动形式丰富多样，回应社会关切力度不断加大

公众参与和监督政府工作是政府民主化建设的方向，也是政府民主化程度的标志。评估结果显示，政民互动栏目逐渐丰富，“信访专栏”“在线咨询”“热点回应”“意见征集”“在线访谈”等多种政民互动特色栏目逐步完善，山东省政府网站公众参与渠道基本畅通。随着政民互动形式的多样化建设，群众更加积极主动参与网络问政，政府也及时回应公众关心的社会热点问题。政府网站互动效果的提升，不仅表现在公众参与数量的不断增加，更表现在政府部门反馈效率和质量的提高上，围绕公众关注度较高的问题征集民意、解答疑问、提供帮助，回应社会关切力度不断加大。

四　功能建设质量逐步提升，网络安全防护能力明显改善

在网站建设质量上，各级政府不断优化门户网站建设架构，加强网站个性化建设，网站建设质量较往年有了极大的提高，管理和运行维护有所加强。相比2015年，各级政府普遍更加重视网站包容性建设，大多数政府门户网站实现了无障碍浏览及支持多种语言文字，网站包容性建设有了较大提升；站内搜索功能更加完善，搜索结果的准确性、易用性得以提升；页面设计、栏目设置、页面层级、网站链接建设达到较高程度。在运行维护机制方面，不断加强政府网站的安全风险管理，对网站

进行实时监管，加强安全管理手段，防止网站被挂马、篡改、SQL注入、跨站脚本等攻击，防止网站被拒绝式服务攻击造成不能正常访问，确保网站运行稳定正常，没有由于被篡改、挂马等攻击被通报，网络安全防护能力明显改善。

五　网站内容架构简洁易用，政务服务功能更加利企便民

政府门户网站是各级政府机关履行职能、面向社会提供服务的网上平台，是政府机关实现政务信息公开、服务企业和社会公众、互动交流的重要渠道。在评估指标的引导下，各级政府部门结合本级政府机构特点，根据公众与企业需求，不断优化网站整体结构，调整完善内容架构，提升政府信息整合水平，积极发挥政府网站的门户作用。在往年的基础上，网站内容更加丰富，条理更加清晰，政府信息和服务信息更新更加及时有效，使政府工作更加透明，公众也能更加透彻地掌握政府动态。

第四部分　网站评估结果与分析

根据国家和山东省电子政务发展趋势与要求，2016年山东省政府网站绩效评估在继承优化2015年“内容服务、功能服务、建设质量”三大指标的基础上，从政府信息公开、办事服务、公众参与和网站功能方面对省直部门网站、市级政府网站和县级政府网站展开评估。2016年，评估指标体系紧密结合当前国务院办公厅、省政府办公厅关于做好政府网站建设工作的文件要求，更加注重指标体系对政府网站建设应用的引导作用，进一步引导和提高山东省政府网站建设管理水平，推进政府网站集约化建设。2016年政府网站绩效评估结果显示，各级政府网站整体水平显著提升，省直部门网站呈菱形结构，大多数处于中等建设水平；市级政府网站仍居省直部门、市级和县级政府网站之首，总体发展势头较快；县级政府网站整体发展相对

较慢，但较上一年度略有提高。

一　总体情况分析

2016 年，省直政府网站、市级政府网站、县级政府网站三级网站在“政府信息公开”“办事服务”“公众参与”和“网站功能”四大一级指标方面的绩效指数（注：指某项指标的绩效评估得分值与该项指标的满分的比值，以小数表示或者换算成百分比）情况如附图 1－1 所示。

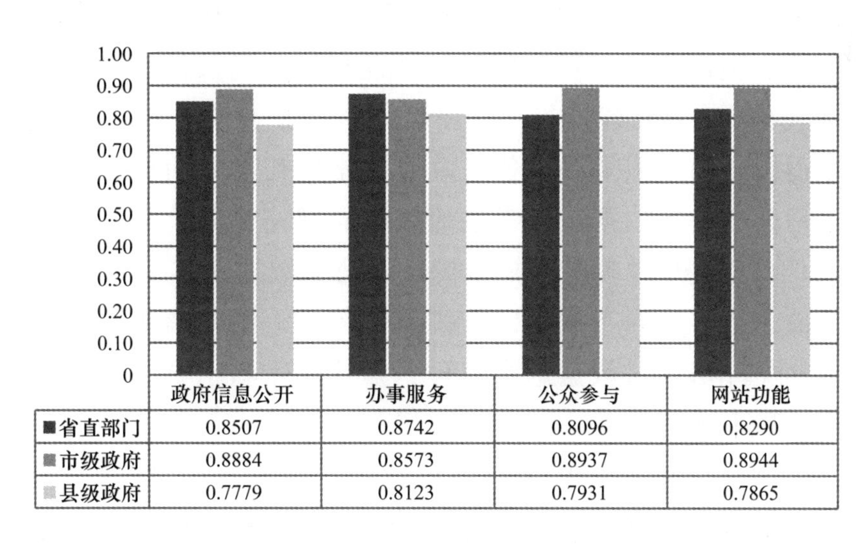

	政府信息公开	办事服务	公众参与	网站功能
省直部门	0.8507	0.8742	0.8096	0.8290
市级政府	0.8884	0.8573	0.8937	0.8944
县级政府	0.7779	0.8123	0.7931	0.7865

附图 1－1　各级政府网站绩效指数情况

可以看出，各级政府网站建设均能够达到评估指标体系中各项指标的要求，各一级指标得分基本能够达到优良的标准。其中，“政府信息公开”中的“基础信息公开”指标绩效指数基本可以达到 0.9 以上；办事服务方面，办事说明规范性和办事效果有了较为明显的提升，并逐步推进政府服务平台省、市、县三级互联互通；公众咨询建议、调查征集、热点关注等栏目日趋完善；网站可视化效果、站内搜索、包容性建设等功能得到有效提升。

（一）政府信息公开情况分析

在政府信息公开上，基础信息公开普遍较好，内容全面深入。各级政府都能够按照《政府信息公开条例》和《山东省政府信息公开办法》要求，在政府网站建立政府信息公开目录，主动公开概况信息、工作动态、法规文件、人事信息、民生热点信息、计划规划信息等基础信息。省直部门按照国务院和省政府的工作部署与要求，普遍在门户网站公开行政权力清单、财政资金预决算和“三公”经费明细。各市级政府和区县政府网站重点围绕民生、企业关注热点，公开了住房保障、食品药品安全、生产安全、环境保护、征地拆迁、高校信息、国有企业信息、重大项目建设、社会保障、就业服务等民生领域信息，并取得较好的应用效果。各级政府网站也初步开始整合行业内或本地区的公共数据，探索性地在政府网站设置公共数据开放目录，向公众开放政府数据资源。但公共数据多以 PDF 文件格式开放，且多为静态数据，可机读性较差，没有形成统一开放标准和文件格式对数据进行整理、筛选和重新组合，公共数据应用效果不够理想。

（二）政务服务情况分析

在网站办事服务上，省委、省政府高度重视深化行政体制改革和行政审批制度改革，大力推进简政放权和政府职能转变。山东政务服务网上线运行以来，不断充实服务内容，优化服务手段，健全监管机制。省直相关部门和单位逐步将非涉密的省级行政许可事项全部纳入网络运行，向社会提供高效便捷的网上政务服务。各市、县（市、区）积极推进省、市、县三级互联互通，实现全省行政权力“一张网”运行。各级政府在门户网站和山东政府服务网分厅，按照统一规范要求，提供办事指南、表格下载等基础性内容，办事咨询、业务系统、办事查询、结果公示系统或栏目健全，应用效果良好。对于一些办理量大、公众关注度高的事项，还提供了在线预约、网上预审、在线申报等服务。评估过程中，少数政府网站虽然在网站首页或在线办事栏目中提供了山东政务服务网的链接，但没有链接到部门分厅或市县级政府分厅，不利于公众对所需办事服务的查找。

（三）公众参与情况分析

在网站公众参与上，各级政府在门户网站上建设了咨询建议、调查征集、在线访谈和新闻发布会等栏目，渠道畅通，形式丰富多样。咨询建议栏目中，政府网站答复反馈机制基本健全，绝大多数网站都能够及时答复公众留言，内容详细，较好满足了公众咨询的需求。调查征集栏目中，各级政府网站围绕重大决策制定、社会公众关注热点问题等开展意见征集和网上调查活动，广泛征求社会意见，极大地促进政府科学、民主决策。但在意见征集结束后，部分网站未能公开意见采纳情况；也有部分网站网上调查活动问卷设计简单，调查主题仅局限于网站改版等方面，未能充分发挥作用。

（四）网站功能建设分析

在网站功能建设上，随着信息技术的发展，各级政府积极运用新技术、新方法，不断创新政府网站建设模式，多数网站进行了较为全新的改版，且收效良好。各级政府网站基本能够在网站提供站内搜索，功能易用性较好，且多数能够提供高级检索，搜索结果相对快捷、准确，容易获取。特别是政府信息公开目录的检索，增加了检索记忆、提示功能，检索服务更加人性化。包容性专项指标设立以来，各级政府高度重视包容性建设，为以视障人士为主的身体机能差异人群和有特殊需求的健全人提供无障碍浏览服务，拓展服务群体，消除残障人士和老年人士的数字鸿沟，充分体现政府“以人为本”、关爱弱势群体的执政理念和政府网上公共服务的人性化关怀。网站安全风险管理方面，网站安全逐渐受到各级政府的高度重视，网站安全防护水平有所提高，多数网站安全漏洞数量较少，安全风险级别较低，但还需要进一步采取系统加固、漏洞加固处理、更新漏洞库等方式进行针对性的安全加固。

二　排名与分析

（一）省直政府网站

1. 总体情况

2016年，省直部门网站的平均绩效得分为83.9013分，相比于2015年，有了较大幅度的提高。同时，省直部门网站的评估指标体系在继承优化2015年评估指标体系的基础上，做了较大的改进，更加强化了评估指标体系的引导作用，能够更为准确、严谨地对各省直部门网站的绩效情况进行评估。

省直部门网站绩效评估指标包括政府信息公开、办事服务、公众参与和网站功能指标，分值分别为15分、30分、35分和20分。2016年，省直政府网站绩效分值和绩效指数分布情况如附图1－2和附图1－3所示。

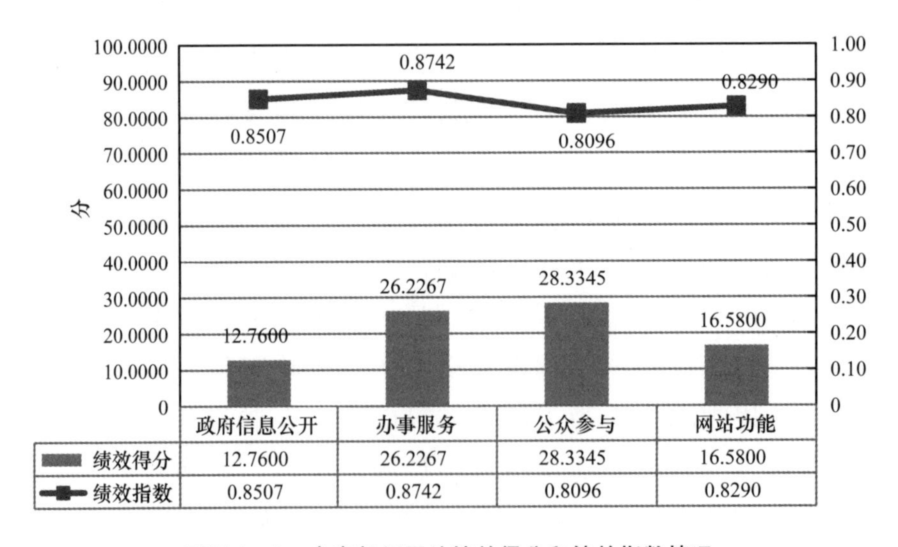

附图1－2　省直部门网站绩效得分和绩效指数情况

从各项指标的得分情况来看，2016年省直部门网站整体水平有了较大的提升，总体得分的分布大致呈“菱形”结构。其

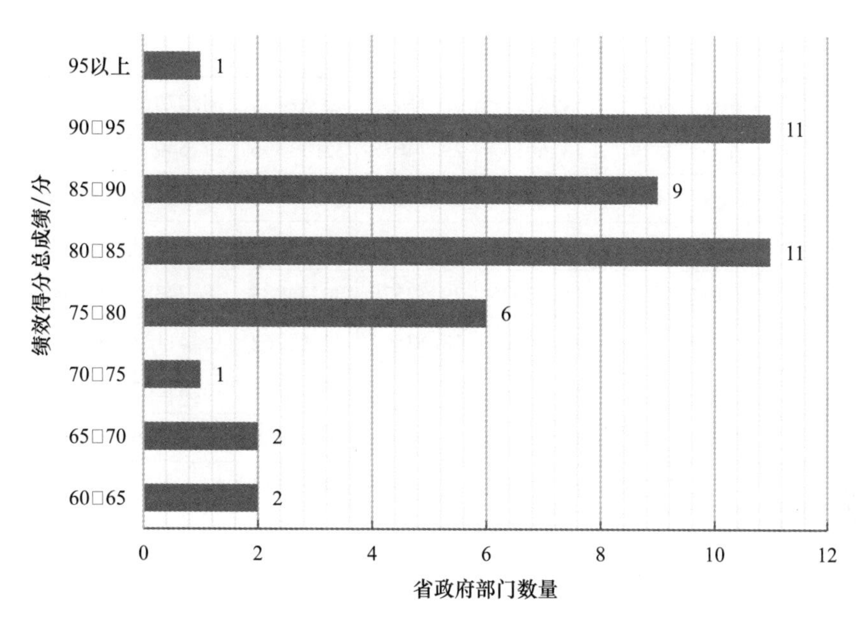

附图 1－3 省直部门网站绩效得分分布情况

中，“政府信息公开”和“办事服务”指标的绩效指数分别达到0.8507和0.8742，基本达到优良的标准；“公众参与”和“网站功能”指标的绩效指数分别为0.8096和0.8290。公众参与和网站功能建设方面，各省直部门也在稳步推进过程中。

2. 网站情况分析

参与评估的43个省直部门网站在政府信息公开、办事服务、公众参与和网站功能上均能够较好地满足政府网站建设要求，政府信息公开全面深入，行政办事服务覆盖全面，网上交流互动效果良好，网站建设质量较高。

各省直部门网站绩效考核结果如附表1－1所示。

附表 1－1 省直部门网站绩效评估结果 （分）

名次	省直单位	信息公开	办事服务	公众参与	网站功能	总分
1	省商务厅	14.57738	28.98275	32.40370	19.37352	95.33735
2	省发改委	12.60952	29.32576	32.76177	19.13113	93.82818

续表

名次	省直单位	信息公开	办事服务	公众参与	网站功能	总分
3	省经信委	13. 60147	29. 24038	33. 11596	17. 54993	93. 50774
4	省食药监局	14. 14214	28. 98275	31. 39798	18. 92089	93. 44376
5	省工商局	13. 13393	28. 80972	33. 64025	17. 62574	93. 20964
6	省住建厅	14. 23025	29. 32576	30. 74085	18. 74389	93. 04075
7	省水利厅	14. 66288	28. 63564	32. 67262	16. 41138	92. 38252
8	省卫计委	13. 13393	28. 89637	32. 76177	16. 87207	91. 66414
9	省农业厅	13. 03841	28. 98275	30. 35896	18. 69046	91. 07058
10	省文化厅	12. 44990	28. 54821	32. 13254	17. 60682	90. 73747
11	省国资委	13. 78405	27. 65863	31. 76738	17. 24336	90. 45342
12	省机关事务局	13. 60147	29. 32576	29. 77695	17. 70122	90. 40540
13	省国土厅	12. 64911	28. 98275	29. 28310	18. 38478	89. 29974
14	省质监局	12. 78671	27. 47726	30. 35896	18. 63688	89. 25981
15	省环保厅	12. 74755	27. 38613	31. 95048	16. 77299	88. 85715
16	省财政厅	12. 80625	28. 10694	29. 08321	18. 38478	88. 38118
17	省交通厅	12. 84523	29. 15476	29. 18333	16. 24808	87. 43140
18	省畜牧兽医局	13. 32291	26. 26785	29. 08321	17. 14643	85. 82040
19	省旅发委	13. 22876	27. 01851	27. 95830	17. 45470	85. 66027
20	省侨办	14. 05347	27. 11088	29. 38253	15. 01111	85. 55799
21	省人防办	12. 74755	27. 38613	31. 30495	14. 09492	85. 53355
22	省外事办	12. 74755	24. 79919	29. 97221	17. 12698	84. 64593
23	省地税局	12. 14496	25. 69047	32. 22318	14. 56022	84. 61883
24	省海洋渔业厅	13. 13393	24. 89980	29. 38253	16. 79286	84. 20912
25	省人社厅	12. 44990	26. 07681	29. 18333	16. 12452	83. 83456
26	省统计局	13. 41641	25. 88436	26. 67708	17. 18527	83. 16312
27	省体育局	12. 44990	24. 28992	29. 58040	16. 32993	82. 65015
28	省民委	12. 64911	27. 56810	25. 90045	16. 08312	82. 20078
29	省教育厅	12. 34909	24. 49490	29. 77695	15. 18771	81. 80865
30	省林业厅	12. 44990	24. 69818	28. 26954	16. 04161	81. 45923

续表

名次	省直单位	信息公开	办事服务	公众参与	网站功能	总分
31	省监狱管理局	12.24745	23.97916	27.11088	16.95091	80.28840
32	省粮食局	12.34909	24.49490	27.11088	16.16581	80.12068
33	省安监局	12.16553	27.38613	24.15229	15.95828	79.66223
34	省法制办	12.54990	26.64583	24.15229	16.20699	79.55501
35	省金融办	13.03841	26.26785	24.03123	16.06238	79.39987
36	省新闻出版广电局	12.44990	24.69818	25.90045	15.16575	78.21428
37	省司法厅	12.24745	25.29822	22.39792	16.37071	76.31430
38	省民政厅	12.24745	21.90890	25.78759	15.95828	75.90222
39	省科技厅	12.24745	24.28992	22.91288	15.14376	74.59401
40	省审计厅	11.93734	20.49390	21.60247	14.02379	68.05750
41	省公安厅	10.95822	19.97367	21.42169	13.60398	65.95756
42	省物价局	10.94427	19.88854	20.30326	13.01514	64.15121
43	省监察厅	9.35414	18.41641	19.41647	14.87728	62.06430

（二）市级政府网站

1. 总体情况

2016 年，市级政府网站的平均绩效得分为 88.1851 分，略高于 2015 年平均绩效得分。并且，与省直部门和县级政府网站相比，仍处于领先地位。

市级政府网站绩效评估指标包括政府信息公开、办事服务、公众参与和网站功能指标，分值分别为 20 分、30 分、30 分和 20 分。2016 年市级政府网站绩效分值和绩效指数分布情况如附图 1－4 和附图 1－5 所示。

从各项指标的得分情况来看，市级政府网站的总体建设水平有了一定程度的提升。其中，政府信息公开、公众参与和网站功能绩效指数较高，基本接近 0.90，说明各市级政府在评估指标的引导下，积极整合本级政府、市直部门和所辖县（市、区）政府的政府信息，设置了政府信息公开专栏，公开本级政

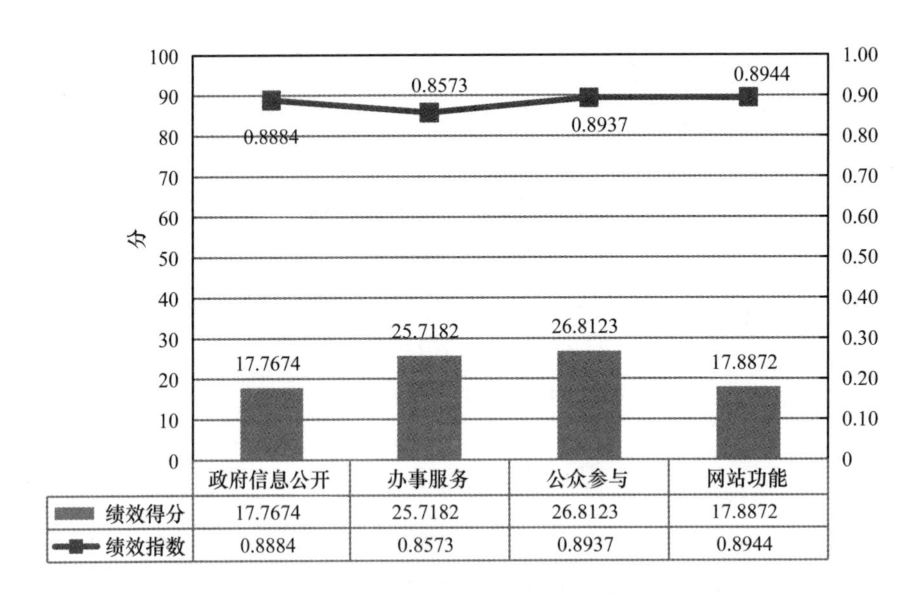

附图 1－4　市级政府网站绩效评估得分和绩效指数情况

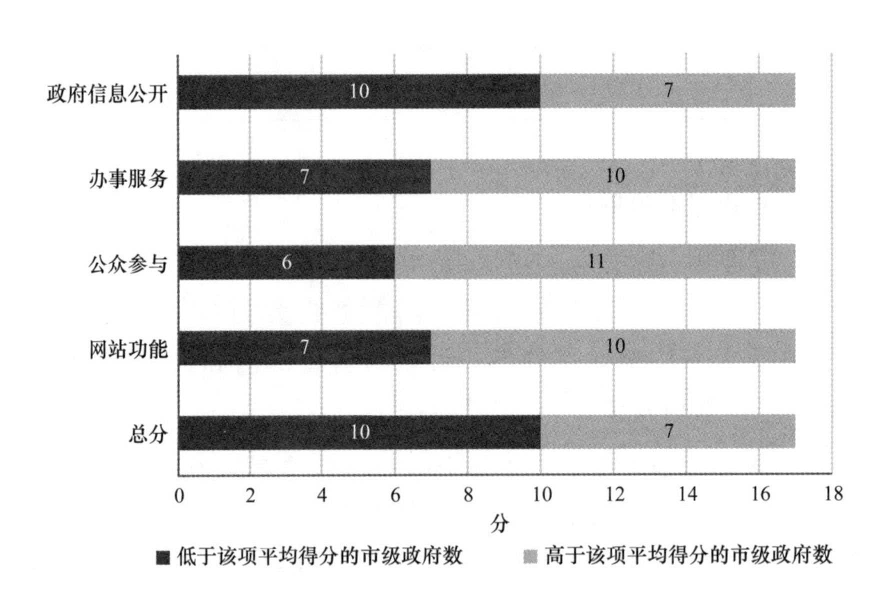

附图 1－5　市级政府网站绩效评估得分分布情况

府及其部门信息，并提供所辖各县（市、区）政府信息公开目录链接；持续加强公众参与建设，“领导信箱”“在线咨询”“热点回应”“意见征集”“在线访谈”等互动渠道逐渐丰富；市级政府网站功能建设和运维保障能力也在稳步提升。办事服务指标绩效指数也达到0.85以上，各市级政府积极整合建设市级政务服务平台，稳步推进省、市、县三级互联互通工作。

2. 网站情况分析

17市政府网站在政府信息公开、办事服务、公众参与和网站功能上，基本都能够达到2016年政府网站绩效评估指标要求。各市级网站积极整合政府信息公开目录，及时更新内容，积极推动政务服务平台省、市、县三级互联互通，行政办事水平显著提高，并不断拓展民生领域服务，服务更加实用化、人性化。

各市级政府网站绩效考核结果如附表1－2所示。

附表1－2　**市级政府网站绩效评估结果**　（分）

名次	城市	信息公开	办事服务	公众参与	网站功能	总分
1	青岛市	19.91649	26.92582	27.20294	19.33908	93.38433
2	东营市	18.07392	26.55184	27.92848	18.86796	91.42220
3	德州市	18.34848	26.45751	27.56810	18.76166	91.13575
4	济南市	17.85124	26.36285	27.38613	18.99123	90.59145
5	临沂市	17.51190	26.45751	27.01851	17.88854	88.87646
6	潍坊市	18.92089	23.97916	27.38613	18.14754	88.43372
7	威海市	17.51190	24.49490	27.92848	18.43909	88.37437
8	滨州市	18.16590	22.91288	28.28427	18.54724	87.91029
9	日照市	17.12698	27.65863	26.83282	16.20699	87.82542
10	莱芜市	16.63330	26.73948	26.73948	17.51190	87.62416
11	烟台市	17.06849	26.83282	24.08319	19.14854	87.13304
12	聊城市	17.32051	25.49510	27.11088	17.06849	86.99498
13	济宁市	17.70122	24.59675	27.01851	17.06849	86.38497
14	泰安市	17.41647	24.49490	26.07681	18.07392	86.06210
15	枣庄市	18.16590	25.00000	26.26785	16.28906	85.72281
16	菏泽市	17.08801	26.07681	26.07681	16.41138	85.65301
17	淄博市	17.22401	26.17251	24.89980	17.32051	85.61683

（三）县级政府网站

1. 总体情况

2016 年，县级政府网站的平均绩效得分为 79.4518 分，相比于 2015 年，有了略微的提升。

县级政府网站绩效评估指标包括政府信息公开、办事服务、公众参与和网站功能指标，分值分别为 20 分、30 分、30 分和 20 分。2016 年县级政府网站绩效分值和绩效指数分布情况如附图 1－6 和附图 1－7 所示。

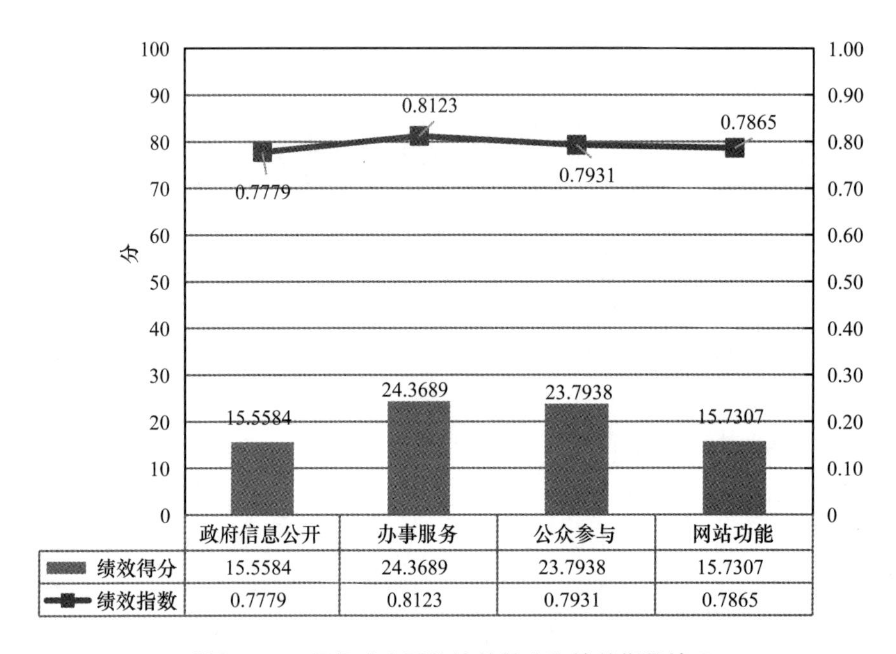

	政府信息公开	办事服务	公众参与	网站功能
绩效得分	15.5584	24.3689	23.7938	15.7307
绩效指数	0.7779	0.8123	0.7931	0.7865

附图 1－6　县级政府网站绩效得分和绩效指数情况

从各项指标的得分情况来看，县级政府网站的办事服务指标绩效指数突破了 0.80，说明各县级政府高度重视在线办事服务的建设，不断规范网上政务大厅建设，加强与公众互动交流，规范网上咨询和投诉处理，网上服务能力有了一定程度的提升。政府信息公开、公众参与和网站功能指标的绩效指数也基本高于 0.75，基本达到政府网站建设要求。

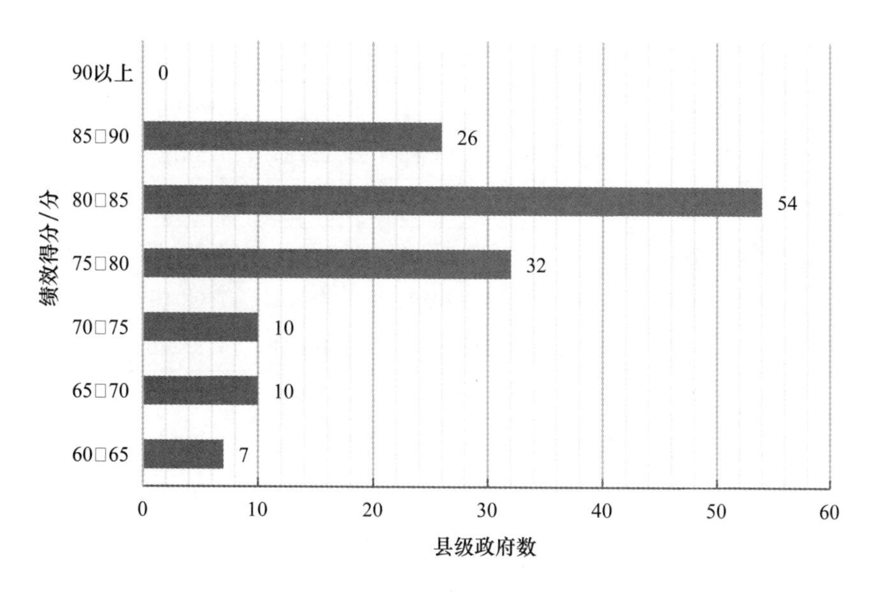

附图 1－7　县级政府网站绩效得分分布情况

2. 网站情况分析

此次参与评估的 137 个县（市、区）政府网站建设管理水平虽然参差不齐，但整体水平较往年有了较大的提升。各县级政府网站按照评估指标要求，继续加强政府网站建设，不断畅通公众参政渠道，积极回应社会关切，取得了较为显著的成绩。

各县级政府网站绩效考核结果如附表 1－3 所示。

附表 1－3　县级政府网站绩效评估结果　（分）

名次	县级政府	信息公开	办事服务	公众参与	网站功能	总分
1	青岛市崂山区	19. 28730	25. 29822	26. 73948	17. 35896	88. 68396
2	济宁市兖州区	16. 32993	25. 49510	27. 47726	19. 28730	88. 58959
3	德州市武城县	17. 60682	25. 78759	27. 56810	17. 41647	88. 37898
4	潍坊市寒亭区	17. 02939	26. 45751	26. 45751	17. 86990	87. 81431
5	滨州市无棣县	17. 32051	26. 55184	27. 11088	16. 67333	87. 65656
6	青岛市市北区	16. 83251	26. 07681	26. 64583	17. 96293	87. 51807
7	东营市广饶县	17. 22401	25. 88436	26. 36285	18. 03700	87. 50822

续表

名次	县级政府	信息公开	办事服务	公众参与	网站功能	总分
8	济南市章丘市	16.93123	26.64583	26.26785	17.58787	87.43278
9	东营市河口区	16.12452	25.98076	26.45751	18.60108	87.16387
10	淄博市临淄区	16.43168	27.47726	25.88436	17.28198	87.07527
11	威海市文登区	16.02082	27.20294	26.45751	17.08801	86.76928
12	德州市齐河县	17.12698	26.36285	28.10694	14.83240	86.42917
13	东营市利津县	16.73320	24.39262	27.29469	17.88854	86.30906
14	潍坊市寿光市	17.02939	27.01851	25.09980	16.91154	86.05924
15	德州市禹城市	17.12698	26.55184	27.65863	14.71960	86.05705
16	枣庄市滕州市	16.73320	24.49490	26.26785	18.31211	85.80806
17	青岛市城阳区	16.89181	25.88436	26.45751	16.53280	85.76648
18	淄博市桓台县	14.37591	28.10694	25.09980	18.12917	85.71181
19	菏泽市定陶县	16.83251	25.78759	27.20294	15.81139	85.63443
20	枣庄市薛城区	16.93123	25.69047	25.49510	17.30125	85.41805
21	东营市东营区	16.02082	25.19921	26.83282	17.35896	85.41180
22	青岛市莱西市	16.53280	25.39685	25.69047	17.75763	85.37774
23	潍坊市安丘市	17.41647	26.83282	24.49490	16.45195	85.19613
24	青岛市即墨市	16.63330	25.88436	26.26785	16.26858	85.05409
25	威海市荣成市	14.02379	25.69047	27.01851	18.31211	85.04488
26	菏泽市牡丹区	16.39106	25.69047	26.83282	16.10383	85.01817
27	滨州市阳信县	17.12698	25.88436	26.83282	15.14376	84.98791
28	东营市垦利县	17.12698	25.09980	26.64583	16.06238	84.93498
29	德州市德城区	17.22401	26.36285	25.78759	15.40563	84.78009
30	德州市宁津县	17.12698	25.39685	26.64583	15.47040	84.64005
31	青岛市李沧区	17.22401	24.79919	26.26785	16.32993	84.62099
32	淄博市博山区	16.02082	26.83282	25.09980	16.61325	84.56669
33	临沂市莒南县	16.22755	24.89980	26.73948	16.43168	84.29851
34	德州市夏津县	17.12698	26.17251	26.92582	14.07125	84.29655
35	日照市莒县	17.02939	26.26785	24.49490	16.28906	84.08119

续表

名次	县级政府	信息公开	办事服务	公众参与	网站功能	总分
36	泰安市东平县	16. 22755	27. 01851	24. 49490	16. 32993	84. 07089
37	滨州市沾化县	16. 93123	25. 78759	25. 39685	15. 81139	83. 92707
38	日照市岚山区	15. 16575	25. 29822	25. 88436	17. 54993	83. 89826
39	枣庄市峄城区	16. 12452	24. 89980	27. 01851	15. 83246	83. 87528
40	菏泽市单县	16. 73320	25. 09980	25. 98076	15. 97915	83. 79292
41	威海市乳山市	14. 02379	26. 64583	26. 26785	16. 59317	83. 53064
42	德州市临邑县	17. 02939	25. 19921	27. 29469	13. 71131	83. 23459
43	济南市槐荫区	15. 91645	25. 88436	24. 28992	17. 04895	83. 13967
44	德州市平原县	17. 12698	25. 98076	27. 01851	13. 01281	83. 13907
45	济宁市金乡县	15. 59915	24. 28992	26. 07681	17. 14643	83. 11230
46	潍坊市诸城市	16. 22755	24. 59675	25. 49510	16. 71327	83. 03266
47	潍坊市昌邑市	16. 63330	25. 88436	24. 08319	16. 37071	82. 97155
48	临沂市沂南县	16. 93123	24. 18677	25. 49510	16. 22755	82. 84065
49	泰安市肥城市	14. 94434	24. 89980	26. 26785	16. 55295	82. 66494
50	临沂市平邑县	16. 32993	25. 29822	23. 66432	17. 35896	82. 65143
51	临沂市沂水县	16. 12452	25. 69047	25. 29822	15. 36229	82. 47549
52	临沂市郯城县	17. 32051	25. 29822	23. 66432	16. 06238	82. 34543
53	德州市陵县	16. 12452	24. 79919	26. 83282	14. 51436	82. 27089
54	青岛市平度市	16. 73320	25. 29822	25. 69047	14. 53731	82. 25920
55	潍坊市青州市	16. 02082	25. 88436	24. 39262	15. 95828	82. 25608
56	青岛市黄岛区	16. 22755	25. 09980	24. 49490	16. 43168	82. 25392
57	临沂市临沭县	16. 12452	24. 49490	25. 09980	16. 51262	82. 23183
58	菏泽市东明县	16. 83251	22. 80351	26. 64583	15. 81139	82. 09323
59	烟台市海阳市	14. 14214	30. 08322	21. 67948	16. 18641	82. 09125
60	滨州市滨城区	16. 83251	23. 76973	25. 29822	15. 85350	81. 75396
61	济南市商河县	14. 37591	24. 69818	27. 20294	15. 47040	81. 74743
62	临沂市兰山区	15. 16575	25. 09980	25. 69047	15. 72684	81. 68285
63	济宁市嘉祥县	17. 39732	25. 29822	23. 02173	15. 95828	81. 67555

续表

名次	县级政府	信息公开	办事服务	公众参与	网站功能	总分
64	德州市乐陵市	17. 22401	25. 00000	25. 78759	13. 51542	81. 52703
65	潍坊市高密市	15. 49193	25. 88436	23. 45208	16. 59317	81. 42154
66	潍坊市奎文区	16. 32993	24. 08319	24. 28992	16. 59317	81. 29621
67	威海市环翠区	13. 90444	24. 28992	26. 07681	16. 97056	81. 24172
68	滨州市惠民县	17. 12698	24. 59675	23. 66432	15. 76917	81. 15721
69	济宁市邹城市	15. 59915	24. 69818	23. 87467	16. 87207	81. 04406
70	聊城市茌平县	16. 22755	23. 45208	26. 07681	15. 20965	80. 96608
71	济南市天桥区	15. 38397	22. 24860	26. 45751	16. 83251	80. 92259
72	济南市历下区	13. 78405	24. 49490	24. 28992	18. 31211	80. 88097
73	泰安市宁阳县	14. 37591	25. 09980	24. 39262	16. 87207	80. 74040
74	德州市庆云县	17. 12698	24. 28992	26. 07681	13. 14027	80. 63397
75	泰安市新泰市	14. 49138	26. 83282	22. 80351	16. 39106	80. 51876
76	滨州市博兴县	14. 60594	23. 87467	25. 49510	16. 22755	80. 20325
77	临沂市河东区	14. 49138	25. 39685	24. 49490	15. 79029	80. 17342
78	济宁市任城区	16. 83251	24. 28992	21. 21320	17. 79513	80. 13076
79	青岛市胶州市	16. 63330	21. 90890	24. 89980	16. 59317	80. 03517
80	泰安市岱岳区	17. 02939	25. 29822	22. 58318	15. 09967	80. 01046
81	菏泽市郓城县	14. 37591	24. 69818	24. 28992	16. 37071	79. 73470
82	济宁市微山县	16. 83251	22. 58318	24. 18677	16. 10383	79. 70629
83	潍坊市潍城区	16. 93123	24. 69818	22. 13594	15. 72684	79. 49219
84	滨州市邹平县	17. 12698	24. 49490	21. 67948	16. 12452	79. 42587
85	临沂市蒙阴县	15. 72684	23. 66432	25. 09980	14. 83240	79. 32335
86	济宁市泗水县	15. 27525	23. 66432	23. 66432	16. 69331	79. 29720
87	日照市五莲县	16. 53280	25. 29822	21. 44761	15. 91645	79. 19508
88	枣庄市山亭区	14. 49138	24. 69818	24. 59675	15. 34058	79. 12688
89	济南市市中区	14. 71960	25. 39685	22. 36068	16. 63330	79. 11043
90	淄博市高青县	16. 73320	22. 13594	22. 58318	17. 53093	78. 98325
91	烟台市莱州市	13. 66260	27. 01851	21. 90890	16. 37071	78. 96072

续表

名次	县级政府	信息公开	办事服务	公众参与	网站功能	总分
92	烟台市招远市	14.94434	26.26785	21.67948	15.70563	78.59730
93	济南市济阳县	15.27525	22.80351	24.49490	15.93738	78.51104
94	淄博市张店区	16.02082	26.07681	20.97618	15.40563	78.47943
95	烟台市莱阳市	15.05545	26.45751	22.80351	14.07125	78.38772
96	聊城市临清市	16.12452	23.66432	24.28992	13.85641	77.93516
97	济宁市鱼台县	16.53280	23.76973	22.02272	15.36229	77.68753
98	聊城市莘县	13.29160	23.66432	24.49490	15.95828	77.40910
99	淄博市周村区	14.14214	23.02173	22.80351	17.24336	77.21073
100	淄博市沂源县	14.02379	22.47221	25.29822	15.25342	77.04763
101	枣庄市市中区	14.37591	21.90890	23.02173	17.53093	76.83746
102	聊城市阳谷县	14.60594	24.08319	22.58318	15.42725	76.69955
103	烟台市龙口市	14.25950	25.49510	21.44761	15.36229	76.56450
104	潍坊市坊子区	15.27525	22.24860	23.02173	15.91645	76.46203
105	济宁市梁山县	17.12698	22.80351	20.73644	15.59915	76.26607
106	潍坊市临朐县	16.43168	20.49390	25.49510	13.75985	76.18052
107	聊城市东昌府区	13.41641	24.59675	23.66432	14.44530	76.12277
108	淄博市淄川区	14.25950	24.89980	21.21320	15.59915	75.97165
109	烟台市牟平区	13.90444	25.09980	21.44761	15.47040	75.92225
110	烟台市芝罘区	13.16561	25.49510	21.67948	15.29706	75.63725
111	日照市东港区	16.32993	22.02272	21.67948	15.34058	75.37271
112	济南市历城区	13.54006	23.76973	23.66432	13.97617	74.95028
113	临沂市罗庄区	14.60594	23.76973	20.73644	15.83246	74.94456
114	聊城市冠县	14.69694	21.56386	22.36068	16.02082	74.64230
115	菏泽市巨野县	14.56022	26.07681	19.23538	14.74223	74.61464
116	聊城市东阿县	14.02379	25.09980	20.73644	14.49138	74.35141
117	菏泽市成武县	14.37591	24.18677	20.12461	14.44530	73.13259
118	泰安市泰山区	14.60594	24.89980	19.23538	13.97617	72.71729
119	菏泽市鄄城县	12.90994	22.91288	20.97618	15.42725	72.22625

续表

名次	县级政府	信息公开	办事服务	公众参与	网站功能	总分
120	烟台市福山区	13.36663	23.66432	18.97367	15.62050	71.62511
121	菏泽市曹县	14.09492	20.12461	22.80351	14.25950	71.28254
122	烟台长岛县	13.97617	20.61553	19.49359	15.51344	69.59872
123	济宁市曲阜市	15.16575	19.87461	20.73644	13.71131	69.48811
124	枣庄市台儿庄区	13.78405	22.58318	17.88854	15.09967	69.35544
125	烟台市蓬莱市	12.51666	16.12452	23.23790	17.08801	68.96708
126	聊城市高唐县	14.49138	20.49390	17.32051	16.35033	68.65612
127	济南市长清区	13.78405	19.10497	20.97618	14.53731	68.40251
128	莱芜市莱城区	14.37591	20.49390	20.00000	13.49074	68.36055
129	莱芜市钢城区	14.94434	20.12461	19.23538	13.95230	68.25664
130	济宁市汶上县	14.14214	22.47221	18.43909	13.11488	68.16831
131	烟台市栖霞市	10.80124	20.85665	20.97618	14.65151	67.28557
132	潍坊市昌乐市	13.05542	20.32051	17.70122	11.54701	62.62415
133	临沂市费县	13.85255	19.81647	17.51190	11.13553	62.31644
134	青岛市市南区	13.95445	20.32993	16.73320	10.58301	61.60059
135	临沂市兰陵县	13.06765	20.63333	16.83251	10.54093	61.07441
136	济南市平阴县	12.88827	20.12698	16.37591	10.95436	60.34551
137	烟台市莱山区	13.14427	20.49193	15.83240	10.54093	60.00953

（四）与往年评估结果比较

山东省政府网站绩效评估工作已经开展了10年，从2007年开始就严格按照指标体系进行打分，现对近三年政府网站的发展情况进行分析。

2016年，省直部门网站平均绩效指数为0.8390，政府信息公开、办事服务、公众参与和网站功能绩效指数分别达到0.8507、0.8742、0.8096和0.8290；市级政府网站平均绩效指数为0.8819，政府信息公开、办事服务、公众参与和网站功能绩效指数分别达到0.8884、0.8573、0.8937和0.8944，仍然保持高标准建设；县级政府网站平均绩效指数达到 0. 7945，政府信息公开、办事服务、公众参与和网站功能绩效指数分别达到 0. 7779、0. 8123、0. 7931 和 0. 7865。

附图 1 – 8、附图 1 – 9 和附图 1 – 10 分别是省直、市级和县级政府网站近三年的网站内容服务、功能服务和建设质量绩效得分指数情况。为了更好地引导各级政府网站建设，2016 年评估指标体系在继承优化 2015 年评估指标体系的基础上，进一步细化评估指标，着重强调评估指标体系对各级政府网站建设的引导作用。在评估指标体系的结构和内容上，2016 年的政府信息公开指标属于网站内容服务指标；办事服务和公众参与属于网站功能服务指标；网站功能属于网站建设质量指标。虽然少数指标绩效指数有一定程度的下降，但是整体情况上，省直部门、市级政府和县级政府网站还是有了不同程度的进步和提升。

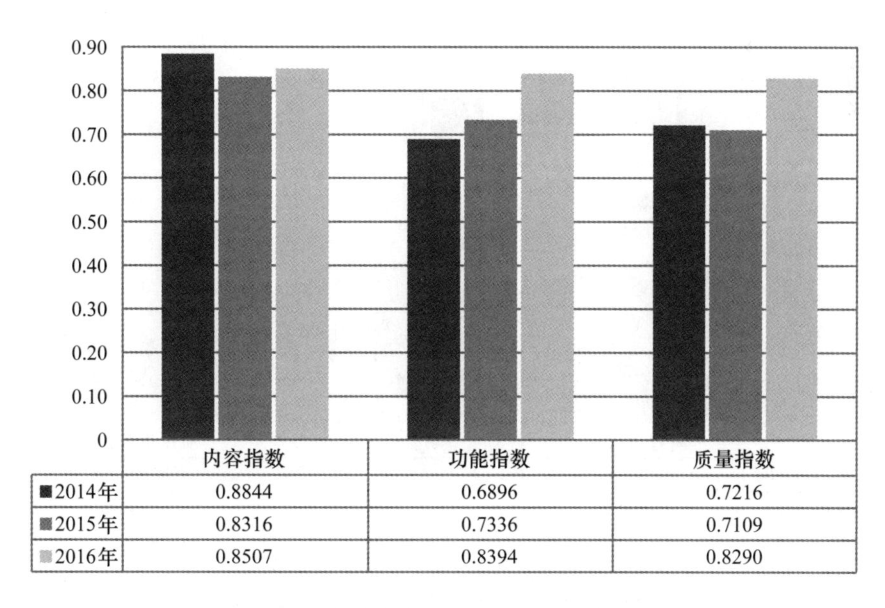

	内容指数	功能指数	质量指数
2014年	0.8844	0.6896	0.7216
2015年	0.8316	0.7336	0.7109
2016年	0.8507	0.8394	0.8290

附图 1 – 8 省直部门网站近三年绩效指数情况

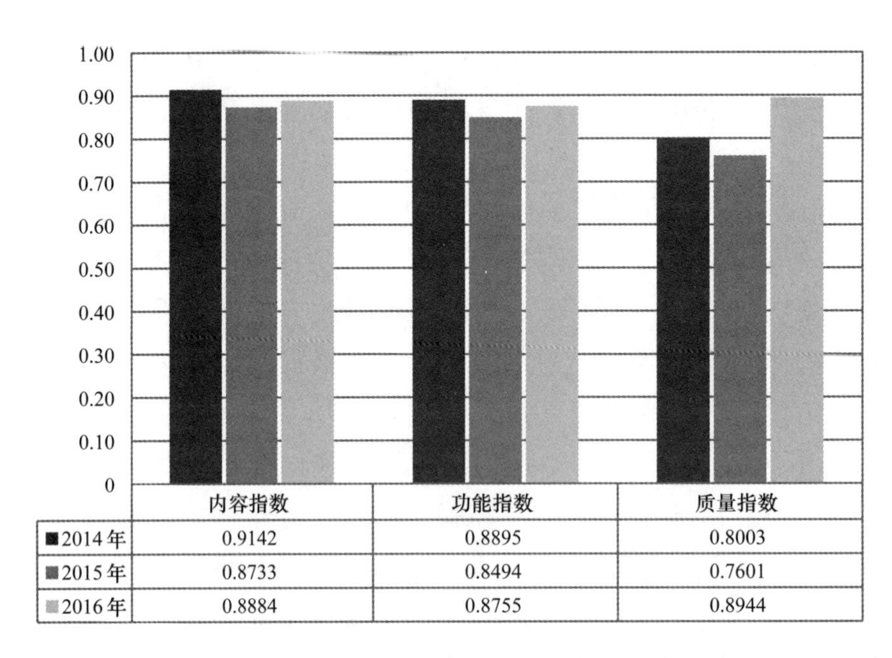

	内容指数	功能指数	质量指数
■2014年	0.9142	0.8895	0.8003
■2015年	0.8733	0.8494	0.7601
■2016年	0.8884	0.8755	0.8944

附图1－9　市级政府网站近三年绩效指数情况

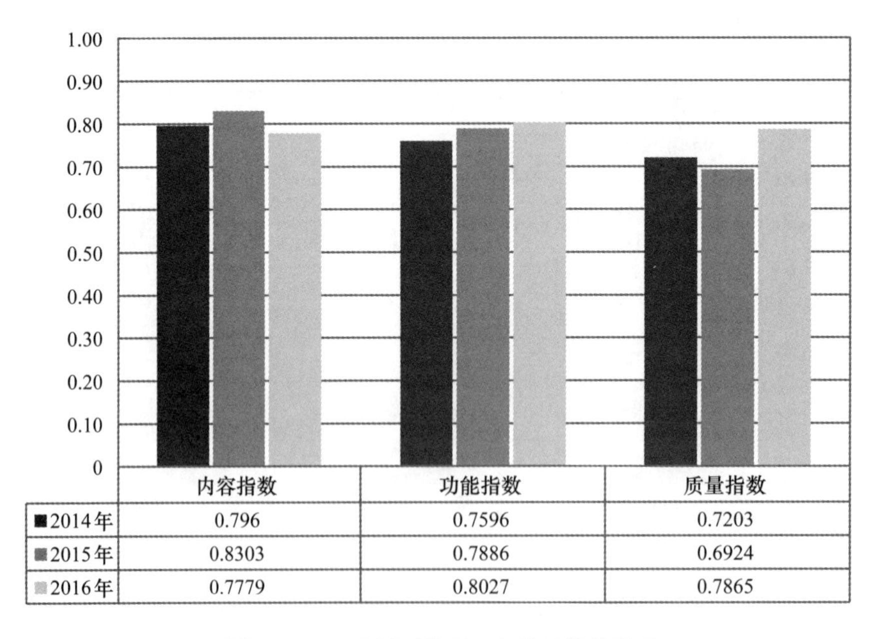

	内容指数	功能指数	质量指数
■2014年	0.796	0.7596	0.7203
■2015年	0.8303	0.7886	0.6924
■2016年	0.7779	0.8027	0.7865

附图1－10　县级网站近三年绩效指数情况

从近三年的评估结果来看，省直部门网站功能指数逐年上升，相比2015年，提高了10个百分点；内容指数和质量指数方面，相比往年有了小幅度的波动和下降，但相比2015年，还是有了不同程度的提升，其中内容指数提高1.8个百分点，质量指数提高接近12个百分点。这说明省直部门在网站建设质量上有了较大程度的提升，特别是第一次全国政府网站普查后，切实把办好政府网站摆到服务人民群众、提高治理能力、提升政府公信力的高度，按照推进“互联网+政务服务”的工作要求，扎实推动政府网站持续健康发展。

市级政府网站方面，相比往年，质量指数有了较大提升，比2015年提高了13个百分点；内容指数和功能指数小幅波动，但基本保持在0.85的高标准，相比2015年，内容指数提高1.5个百分点，功能指数提高2.6个百分点。市级政府网站近几年一直保持着高标准的建设，各项指标得分均高于省直部门和县级政府网站。特别是功能指数方面，一方面按照全省统一规范、标准加快市级政务服务平台的建设和改造完善，积极推进省、市、县三级业务联动和协同；另一方面，不断丰富公众参与内容，扩大公众的知情权、参与权和监督权，基本形成“民有所呼、政府必应”“网上听民情、网下解民忧”的良好工作机制。

县级政府网站方面，功能指数逐年上升，相比2015年有了一定程度的提高；质量指数略微浮动，整体上有了较大的进步，比2015年提高接近10个百分点；内容指数小幅波动，出现了略微的下降。2016年，各县级政府不断对政府网站进行升级改版，虽然建设运维水平参差不齐，但相比往年，整体水平还是有了较大提升。功能建设方面，在提高在线办事数量的同时，更加注重在线办事质量的提升，逐步开始整合教育、医疗卫生、交通、就业、社保、住房、企业服务等领域的相关政策、指南信息、业务表格、名单名录、业务查询、常见问题等资源，服务内容不断丰富。内容指数方面，随着“两办”《关于全面推进政务公开工作的意见》（中办发〔2016〕8号）和《省委办公厅省政府办公厅印发〈关于全面推进政务公开工作的实施意见〉的通知》（鲁办发〔2016〕43号）的发布，对地方政府政务公开工作提出更高的要求。2016年的指标在内容指数方面也有了较大的改进，虽然绩效指数有了略微的下降，但各县级政府网站根据国家和省的有关政府网站内容建设、政府信息公开、政务公开等方面的政策文件要求，积极加快网站内容架构优化，加强内容建设，切实发挥好政府信息公开第一平台作用。

三 单项特色分析

为了各级政府在评估指标的引导下更好地加强网站建设，在2016年政府网站绩效评估工作中，有针对性地选取部分在政府信息公开、办事服务、公众参与、行业特色等具有特色的网站功能模块进行展示分析，以供各单位参考借鉴。

（一）省直政府网站

1. 政府信息公开特色网站

信息公开是政府网站向公众公布信息、展示工作内容的首要途径。山东省商务厅在门户网站分别设立了政务公开及政府信息公开专栏，提供了完整详细的政府信息公开目录；建立了公共数据开放平台，设置了公共开放目录，对开放数据进行明确的分类，并对每一项开放数据增加了下拉框选择功能，避免公众在众多的开放数据中搜索历史数据耗时较长的问题，能够促使公众更加方便快捷地获取所需要的信息，切实实现公共数据开放的优势，如附图1－11和附图1－12所示。

2. 办事服务特色网站

山东省工商局网站网上办事服务平台上向公众提供了详细的办事指南、表格下载、在线申报、结果查询、业务答疑及文书样本等信息。公众可以根据场景式服务进行个性化定制，从而可以很方便地获取政务事项的依据、办理流程、办理时限等要素信息。另外，为更加方便公众网上办事，山东省工商局网站

附图 1 - 11　山东省商务厅网站公开目录

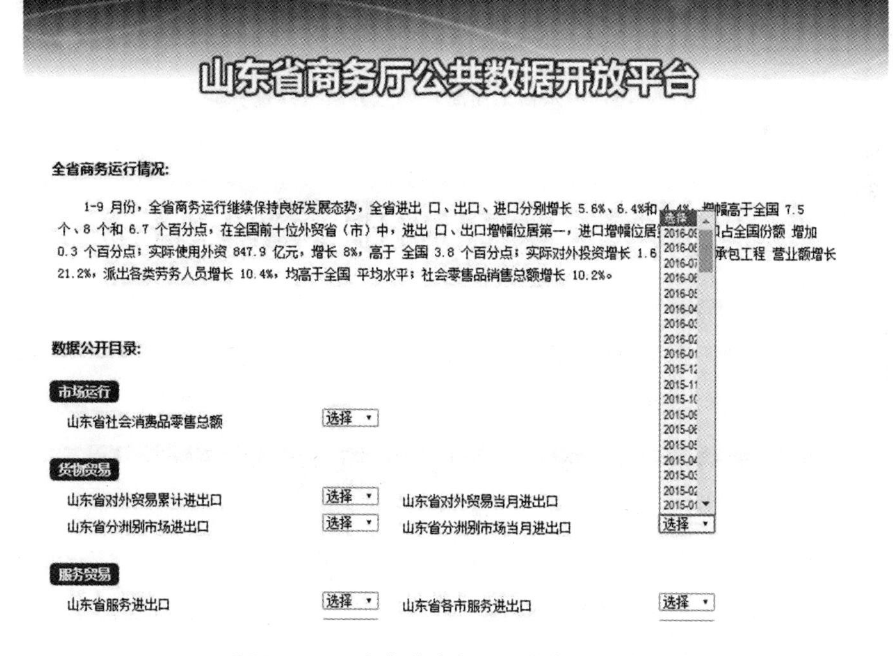

附图 1 - 12　山东省商务厅公共数据开放平台

还整合了在线办理平台，集中提供了不同事项的在线办理平台链接，为公众办理个人事项和企业业务提供方便。界面友好，形式创新，不仅提升了办事效率，还提高了服务能力，如附图 1－13和附图 1－14 所示。

附图 1－13　山东省工商局“网上办事”功能界面 1

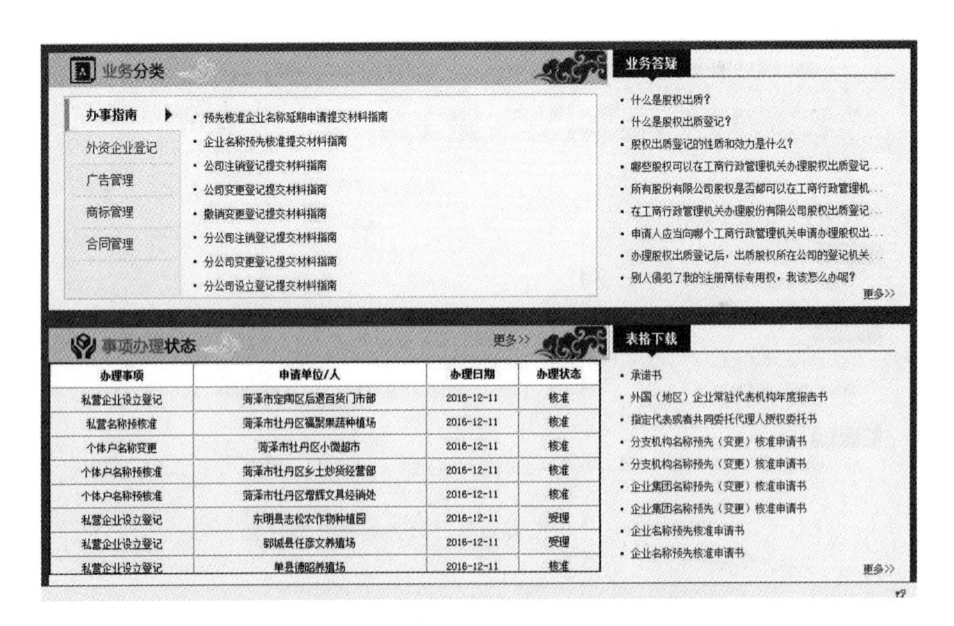

附图 1－14　山东省工商局“网上办事”功能界面 2

3. 公众参与特色网站

山东省水利厅网站交流互动栏目开设了公众咨询、民意征集、网上调查、在线访谈、新闻发布和水文化等栏目。公众咨询栏目在规定时间内对用户留言给予有效答复，内容细致、有理有据；民意征集和网上调查栏目，围绕重大政策制定、社会公众关注热点重点开展网上意见征集、调查活动，广泛征求社会公众意见，并将征求的意见汇总公示；在线访谈栏目在提供历史访谈记录的基础上，公开了本部门 2016 年在线访谈计划，以便公众有针对性地进行关注和参与；新闻发布栏目公开了本部门 2016 年的新闻发布工作计划以及新闻发布会的有关召开和记录情况；水文化栏目通过水利常识、学习园地、水利风景、水利工程、治水历史和水利人物等，在普及公众水利相关知识的同时，也充分展示了本部门的行业特色，如附图 1 – 15 和附图 1 – 16 所示。

标题	发布日期	截止日期	意见汇总
您认为当前最便利、有效的水情教育和新闻宣传途径有哪些？	2016-07-05	2016-08-15	查看意见汇总
您认为可采取哪些措施保护地下水？	2016-06-10	2016-07-10	查看意见汇总
请对新版网站发表意见	2016-04-15	2016-05-15	查看意见汇总
您认为今后水情教育和新闻宣传最需要突出的内容要素有哪些呢？	2015-11-15	2015-12-15	查看意见汇总
关于山东省地下水超采区综合整治实施方案征求意见	2015-07-01	2015-07-31	查看意见汇总
您对目前山东水利网的栏目设置有何建议？	2015-06-26	2015-07-27	查看意见汇总
如何建立健全水利投入长效机制？	2015-03-11	2015-04-11	查看意见汇总
如何从我省实际出发，做好农村饮水安全工作？	2014-12-14	2015-01-14	查看意见汇总
您认为该如何构筑现代水利执法体系？	2014-10-15	2014-11-15	查看意见汇总
您认为河道采砂规划应注意什么？	2014-08-21	2014-09-21	查看意见汇总
您认为水土流失治理应与哪方面的工作结合？	2014-05-20	2014-06-20	查看意见汇总

共11条数据，第1/1页　　跳转到第 页 GO

附图 1 – 15　山东省水利厅网站“民意征集”栏目

4. 行业特色网站

山东省财政厅网站结合所处行业特点，设立了政府非税收

附图 1 - 16　山东省水利厅网站“交流互动→水文化”栏目

入管理、税制改革、预算绩效管理、政府性债务、国库集中支付、教科文、经济建设等专题栏目，增加了行政事业性收费和政府性基金目录清单以及民生政策大公开，对公众和企事业单位普遍关注的收费清单、管理规范、政策法规、事项清单、办理指南以及社会热点问题进行发布和解读，如附图 1 - 17 所示。

5. 特点突出的网站

山东省交通运输厅网站单独设立了出行信息栏目，公众通过视频播报、综合路况、电子地图，可方便快捷地查看交通信息。点击更多出行信息，网站链接到山东交通出行网，对公路、水路、铁路、航空、轨道交通等出行方式的车站、班次、路线等信息进行集中展示，并且能够实时获取路况信息，为广大公众提供获取出行信息的第一渠道和平台，如附图 1 - 18 所示。

附图 1－17　山东省财政厅网站相关专题专栏设置情况

附图 1－18　山东省交通运输厅网站“出行信息”栏目

（二）市、县（区）政府网站

1. 政府信息公开特色网站

数据开放作为信息公开的重要组成部分，也是本次网站评估引导建设的重点内容之一。青岛市政府门户网站在数据开放方面做出较大的成绩，在数据开放平台上设立数据目录、地图服务、API 服务、APP 应用、开发者中心、网站统计、互动交流专题栏目，网页布局合理、富有层次，将开放的数据进行细致的划分，便于公众有目的地查找相关数据，从而更深层次地达到信息公开的目的，如附图 1－19 所示。

附图 1－19　青岛市政务网政府数据开放栏目

2. 办事服务特色网站

威海市政府网站在办事服务中开设了热点服务（见附图 1－20）、主题服务模块（见附图 1－21），并根据办事对象将

附图 1－20　威海市政府网站“热点服务”栏目

办事服务划分为个人办事、企业办事和部门服务（见附图1－22），对办事流程、办事指南、政策法规、项目招商、合作指南等做了详细的介绍，并进行了相关办事大厅的链接，提高了公众网上办事效率，方便了投资者对本地政务环境和市场环境的政策解读。

附图1－21 威海市政府网站“主题服务”栏目

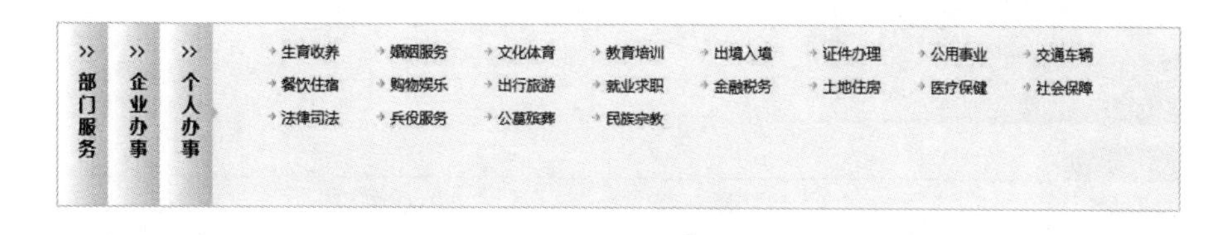

附图1－22 威海市政府网站办事分类导航

3. 公众参与特色网站

潍坊市政府网站政民互动栏目内容丰富，层次分明，公众参与栏目设立了投诉建议、在线访谈、互动参与三大模块（见附图1－23和附图1－24），将“信访专栏”“市长信箱”“热点回应”“在线访谈”“意见征集”“网上调查”“新闻发布”等多种政民互动特色栏目进行划分归纳，通过多种渠道倾听民声、了解民意、办理诉求，极大地提高了公众参政议政的积极性。

附图 1－23 潍坊市政府网站政民互动栏目 1

附图 1－24 潍坊市政府网站政民互动栏目 2

青岛市崂山区在线访谈栏目如附图 1－25 所示，针对往期访谈内容设立满意度调查，并对领导线上答复满意度情况进行统计公示，发现访谈栏目的不足，不断改进网站建设，更好地与公众进行交流。

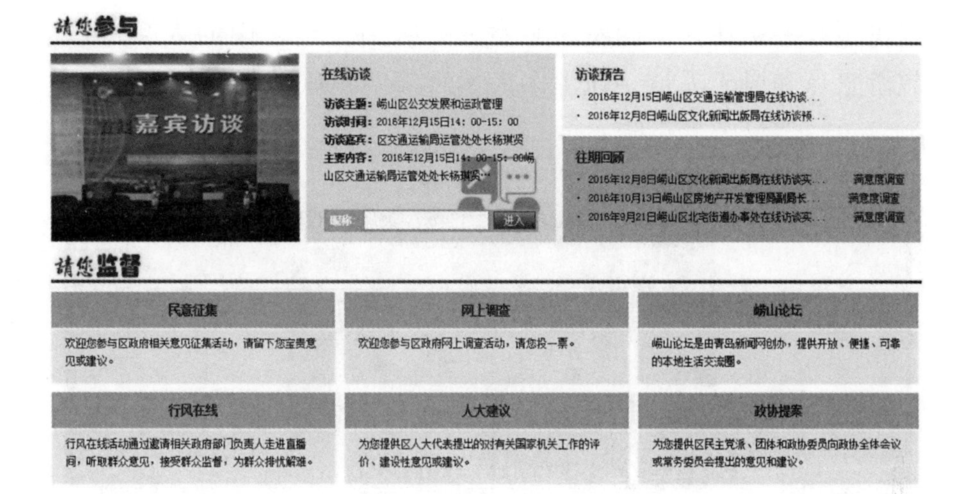

附图 1－25　青岛市崂山区门户网站在线访谈栏目

4. 特点突出的网站

济南市政府网站开设了“图说济南”“视频济南”两大平台（见附图 1－26 和附图 1－27），通过图片、视频等独具特色的方式，集中展示领导活动、时政、资讯、经济、文化、新闻动态，

附图 1－26　济南市政府门户网站首页

提供了政务访谈、新闻发布平台，并大力宣传济南的人文特色、旅游景点和风土人情，让更多人了解济南、欣赏济南。

附图 1－27　济南市政府门户网站“视频济南”栏目

济宁市兖州区政府网站增加了“信息发布”“便民服务”“网络问政”“人文兖州”“专题专栏”微专题，使市民能够快速获取精要信息，同时从“经济社会”“历史文化”“印象兖州”“图说兖州”四个方面展现了兖州区的人文特色，如附图 1－28 和附图 1－29 所示。

附图 1－28　济宁市兖州区门户网站首页

附图 1－29　济宁市兖州区门户网站人文特色栏目

第五部分　存在的主要问题及改进意见

2016 年，各级政府网站已经逐步实现规范化建设，但在“互联网 +”时代新形势下仍然存在一些制约政府网站建设水平进一步提升的问题。

一　省直部门网站在线调查征集栏目不够丰富，实际应用成效仍须提升

省直部门网站多数能够在政府网站建立征集调查栏目，但在征集调查活动主题选取和组织上，存在明显不足。部分网站征集调查活动少或网上调查活动问卷设计简单，调查主题仅局限于网站改版等方面，调查征集结束后未公开采纳情况。各省直部门要依据所属行业和职能范围，加强在线调查征集栏目的建设，围绕重大政策制定、社会公众关注热点重点开展意见征集或网上调查活动，完善政府网站反馈机制，调查征集结束后，公开意见汇总情况、意见采纳情况、意见未采纳的理由等，整

体提升在线调查征集栏目的实际应用成效。

二 市级政府网站公共数据开放整合力度不够，社会利用机制有待健全

部分市级网站公共数据开放栏目建设不够完善，没有在政府网站公开数据开放目录和数据开放说明，开放数据总量较少，多是PDF文件、静态网页等格式的静态数据，可机读性较差，并且没有对开放的内容进行细化分类。各市级政府网站应进一步加大对本地区经济建设、环境资源、城市建设、道路交通、教育科技、文化休闲、民生服务和机构团体等方面的公共数据开放整合力度，细化公共数据分类，统一开放标准和文件格式，对数据进行整理、筛选和重新组合后再集中公开。

三 县级政府网站建设运维水平依然参差不齐，重点领域信息亟须规范

县级政府网站相比省直部门、市级政府网站整体的网站建设运维水平还存在着一定的差距，并且由于各县（市、区）信息化水平和政府网站建设认识上的差异，政务网站建设和运维水平参差不齐。有些县级政府网站承载的信息量比较大，但运维管理不够规范；有些网站存在内容和链接错误，甚至个别网站偶尔会出现打不开的情况。在重点领域信息公开方面，部门县级政府网站没有开通相关专题栏目，虽不同程度地公开相关领域信息，但明显存在信息公开内容较为分散、公开内容不够全面或及时等问题。各县级政府还应进一步提高网站栏目建设水平，做好与相关部门的配合，真正实现省、市、县网站建设水平的整体提高。

四 加大重点领域信息公开力度，推进公共数据开放利用

各级政府网站应加大行政权力信息、财政资金信息、公共

资源配置信息、重大建设项目信息、公共服务信息、国有企业信息、环境保护信息、食品药品安全信息、社会组织信息、中介机构信息等重点领域信息公开的力度，把握重点，强化服务，扎实推进重点领域信息公开。针对公众更为关注的信息，如保障性住房分配结果、违法名单、房屋拆迁补偿方案等内容，细化公开内容，充分满足公众多样化的信息需求。同时，加大对公共数据的开放整合力度，完善公共数据开放的各类制度、办法，不断丰富和完善确定、拓展公共数据开放范围的方法，分期分批逐步推进开放，不断扩大开放内容，服务社会创新创业。

五 整合民生领域公共服务资源，完善政务服务平台功能

在民生领域，围绕用户和企业需求，在不同程度上整合教育、医疗卫生、交通、就业、社保、住房、企业服务等领域的相关政策、指南信息、业务表格、名单名录、业务查询、常见问题等资源，发挥资源利用效能，按照法律、法规和政策的要求，为中小企业及相关机构提供相关帮助。加强全省政务服务平台建设，推动各部门政务服务应用向统一平台整合迁移，完善政务服务平台功能，逐步实现全省政务服务统一受理、统一办理、统一查询、统一监管，切实推进政务服务平台省、市、县三级互联互通，实现省内政务服务应用网络全覆盖。

六 畅通政民在线互动交流渠道，重视网络舆情引导工作

政府网站在线互动交流是政府与公众交流的重要平台，是政府听取民意、分解民忧、凝聚民心的重要渠道。各部门必须高度重视网络舆情，做到不回避、不推诿、不失语，坚决摒弃封堵思想和侥幸心理，要冷静、快速应对，主动开诚布公地解释疑问、承担责任，及时回应社会关注的问题，掌握主动权。要充分调动一切积极因素，更精准、更科学地运用事实、证据，达成舆论共振，澄清事实真相，消除民众质疑，避免公众恐慌。

通过营造有利的舆论环境，化解公共危机，提升政府公信力。各级政府网站应建立健全公众交流管理制度，完善互动平台建设，畅通和规范群众诉求表达、权益保障、参政议政渠道，切实有效地为人民群众解决实际问题。

七 提升门户网站监管运维水平，加强网络安全风险管理

在信息安全形势严峻的今天，门户网站风险出现的概率大大增加，各部门须进一步强化监管责任，提升门户网站监管运维水平，建立健全政府网站建设运维、检查整改、评优问责等制度机制，加强日常监管考核，做到专人负责、措施有力；建立政府网站安全管理责任制，高度重视网信、工信和公安部门的网络风险预警，提升网站安全防护和网络安全风险管理水平。

附录二　2017年山东省政府网站绩效评估报告

引　言

随着中国信息化水平的不断提高和网络强国战略、大数据战略以及“互联网+”行动计划的深入实施，政府网站已成为信息化条件下政府密切联系人民群众的重要桥梁和政府履职的重要平台，成为深化政务公开、推进“互联网+政务服务”工作的重要实施平台。山东省各级政府网站经过近20年的发展，已经形成以“中国·山东”政府门户网站为主，省政府部门、市县各层级全面覆盖的政府网站体系。各级政府网站从最初单纯的信息发布平台，已经逐步发展为集信息公开、网上办事、政民互动三大功能于一身，用户体验并行的政务交互平台。

2017年8月至12月，省信息化工作领导小组办公室组织了2017年山东省政府网站绩效评估工作，主要针对省政府各部门和市、县（市、区）政府门户网站进行全面、细致的评估，旨在引导各级政府网站增强服务功能，优化内容架构，促进各级政府网站进一步加强政府信息公开力度，强化公众监督，提高网上办事满意度，扩大公众参与程度，准确反映社情民意，促进山东省行政管理体制改革和服务型政府建设，推动各级政府和部门开创工作新局面。

第一部分　评估工作过程

为积极适应电子政务发展需要，不断提高山东省各级政府网站为政治、经济和社会发展服务的水平，省信息化工作领导小组办公室组织了2017年度全省市、县级政府网站和省直部门网站绩效评估活动，旨在引导各级政府网站推动政府信息公开，增强网站办事服务能力，扩大公众参与度，创新网站服务方式，提升网站用户体验，推动各级政府和部门建设整体联动、高效惠民的网上政府。

一　评估依据

本次评估的依据主要包括但不限于以下内容：

◇《中华人民共和国政府信息公开条例》（中华人民共和国国务院令第492号）

◇《关于进一步加强政府网站管理工作的通知》（国办函〔2011〕40号）

◇《关于进一步加强政府信息公开回应社会关切提升政府公信力的意见》（国办发〔2013〕100号）

◇《关于加强政府网站信息内容建设的意见》（国办发〔2014〕57号）

◇《关于全面推进政务公开工作的意见》（中办发〔2016〕8号）及实施细则

◇《关于“互联网+政务服务”工作的指导意见》（国发〔2016〕55号）

◇《“互联网+政务服务”技术体系建设指南》（国办函〔2016〕108号）

◇《国务院办公厅关于印发2017年政务公开工作要点的通知》（国办发〔2017〕24号）

◇《国务院办公厅关于印发政府网站发展指引的通知》（国办发〔2017〕47 号）

◇《山东省政府信息公开办法》（山东省人民政府令第 225 号）

◇《省委办公厅　省政府办公厅印发〈关于全面推进政务公开工作的实施意见〉的通知》（鲁办发〔2016〕43 号）

◇《山东省人民政府办公厅关于印发山东省加快推进“互联网 + 政务服务”工作方案的通知》（鲁政办发〔2017〕32 号）

◇《山东省人民政府办公厅关于印发 2017 年山东省政务公开工作要点的通知》（鲁政办发〔2017〕39 号）

二　评估对象

全省各级政府网站（. gov 域名网站），包括各市、县（市、区）政府门户网站和省直各部门网站（省政府组成部门及直属机构）。

三　评估方法

针对本次评估内容与指标，采用主观与客观相结合、人工评价与计算机评价相结合的评估手段，通过对观测评估对象政府网站、实际验证等方式，对各级政府网站建设和应用情况进行客观、公正的评估。

（一）客观与主观相结合

对于本次评估工作，采用客观与主观相结合的方法。依照评估指标体系，对于指标体系中能够量化的指标，通过评估工具或人工采集进行客观评估；对于无法量化的指标，统一评估标准，采取主观判断、多份数据求和平均的方法进行评估，确保评估工作公正、合理。

（二）人工与计算机相结合

对于本次评估工作，采取人工与计算机相结合的方法。对于可量化或可通过工具进行采集的数据，诸如链接有效性、网站点击量等，使用专用计算机工具进行采集；对于无法量化或通过工具无法采集的数据，采用人工采集的方式进行采集，并将所有采集数据录入具有自主知识产权的采集系统进行统计分析。

（三）同一指标平行测试

每一轮评估中每个评估对象的每项指标由同一个人全部完成，并在同一个时间段内完成数据的采集工作，确保每个评估对象每项指标的评测标准、评分尺度和评测时间相同，从而确保每个评估对象的指标评估标准一致。

（四）专家咨询

在评估过程中，为提高评估质量，规范评估程序，对指标项中比较重要的指标项或存在疑惑的指标项，评估工作组须向专家顾问组进行咨询，由专家顾问组提出科学的咨询评估意见或建议，评估人员根据专家顾问组的意见或建议进行有效评估。

四 评估过程

（一）评估准备期（**2017 年 8 月 4 日—9 月 10 日**）

省信息化工作领导小组办公室发布《关于开展 2017 年度全省政府网站绩效评估活动的通知》（鲁信办〔2017〕2 号），通知发布之日起至 2017 年 9 月 10 日为被评估网站完善和调整期。

（二）数据采集期（**2017 年 9 月 11 日—10 月 10 日**）

评估工作组开展“信息发布、办事服务、公众参与、建设质量”等指标的数据采集工作，详细记录所有评估对象的评估情况，并根据数据进行打分。

对于可量化或可通过工具进行采集的数据，诸如链接有效性、网站点击量等，使用专用计算机工具进行采集；对于无法量化或通过工具无法采集的数据，采用人工采集的方式进行采集，录入所有采集数据。

（三）数据分析期（2017 年 10 月 11 日—11 月 10 日）

在评估数据采集完成之后，按照严格的标准对采集的多组数据质量进行核查。一查数据采集源，确保评估对象的数据采集来源全面统一；二查数据格式，确保从评估对象采集得到的数据格式正确，以符合评估标准；三查数据质量，确保采集数据准确可靠。核查结束之后，再对所有评估结果进行汇总分析和统计。

（四）报告撰写期（2017 年 11 月 11 日—12 月 30 日）

根据评估总体情况和评估对象的成绩排名情况，撰写绩效评估报告，分析当前山东省政府网站建设情况，找出存在的主要问题，并提出相应的改进建议。12 月 30 日前，向各评估对象发布评估报告。

第二部分　评估指标体系

本次评估指标的制定工作，充分结合山东省历年政府网站绩效评估指标和各级政府网站建设实际，根据《国务院办公厅关于印发政府网站发展指引的通知》（国办发〔2017〕47 号）（以下简称《指引》）要求，2017 年度对各级政府网站信息发布、办事服务、公众参与、网站功能四项指标进行评估，采用系统检测、专家打分等方式进行。评估指标强调了政府网站作为政务公开第一平台和"互联网 + 政务服务"总门户的功能定位，重点评估各级政府网站解读回应的及时性、主动性以及统一互动平台的建设和应用情况，并且增设了政府网站个性化服务的性能指标，提升了政府网站的用户体验。

一　设计思路

根据《指引》的规定，政府网站面向公众、企业和政府工作人员，具有信息发布、解读回应、办事服务、互动交流等功能，如附图 2 - 1 所示。政府网站绩效评估指标体系的建立，应当立足政府网站功能定位，围绕用户需求，以推进政务公开、优化政务服务、提升用户体验为重点，以客观公正、科学合理、以评促用、鼓励创新为原则，切实提升各级政府网站的建设和应用水平。

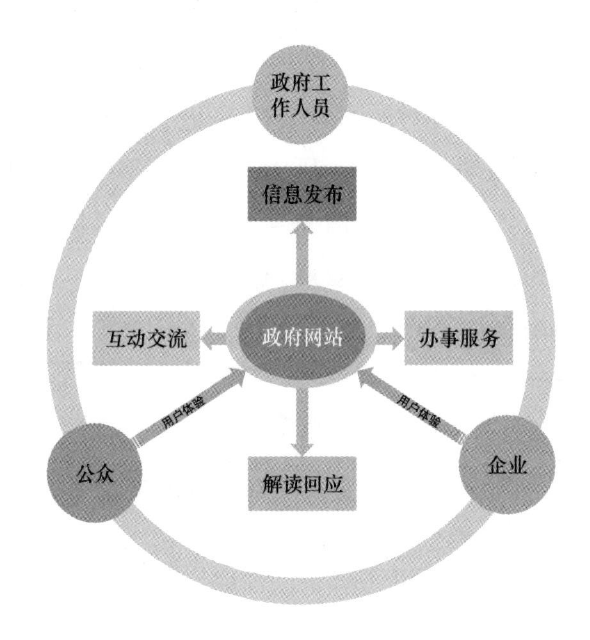

附图 2－1　政府网站功能定位

科学、客观地评估各级政府网站绩效，主要从三个方面入手。

一是政府网站的层级。自 2006 年“中国·山东”政府门户网站正式运行，山东省形成了层级结构完善的政府网站体系。与政府层级管理体制相同，山东省政府网站也具有明显的层级特征。从门户网站的角度，主要包括市级政府门户网站和县级政府门户网站等；从部门网站的角度，又包括省级政府部门网站和市级政府部门网站等。不同级别的政府网站，承担着不同的职能，在设计共性核心指标的基础上，还要充分考虑政府网站的层级结构特征以及同级政府网站之间职能的差异，指标体系要兼顾通用性和差异性。

二是政府网站的功能。一个完整的网站是由具备不同功能的各个模块相互作用构成的整体。政府网站功能的完备性和可用性是设计评估指标的重要内容。从功能定位来看，政府网站主要具有信息发布、解读回应、政务服务和交流互动的功能，评估结果要在一定程度上反映出政府网站的基本功能是否具备以及是否完整、可用。

三是政府网站的质量。功能维度反映了政府网站的“栏目全不全”，但并不能客观反映出公众、企业等用户“需不需要”以及“满不满意”。政府网站的建设质量，实际上能够客观反映出用户体验的指标，以往的评估指标大多注重网站技术和内容方面，而没有真正做到以用户需求为导向，提高政府网站的建设质量，从而进一步提升政府网站的用户体验。

评估指标体系的设计，要充分考虑影响政府网站绩效的三方面因素，建立科学合理的逻辑框架模型，从而避免政府网站绩效评估体系的设计太过主观。因此，本次指标体系的制定遵循了“层级—功能—质量”的三维逻辑框架，如附图 2 – 2 所示。

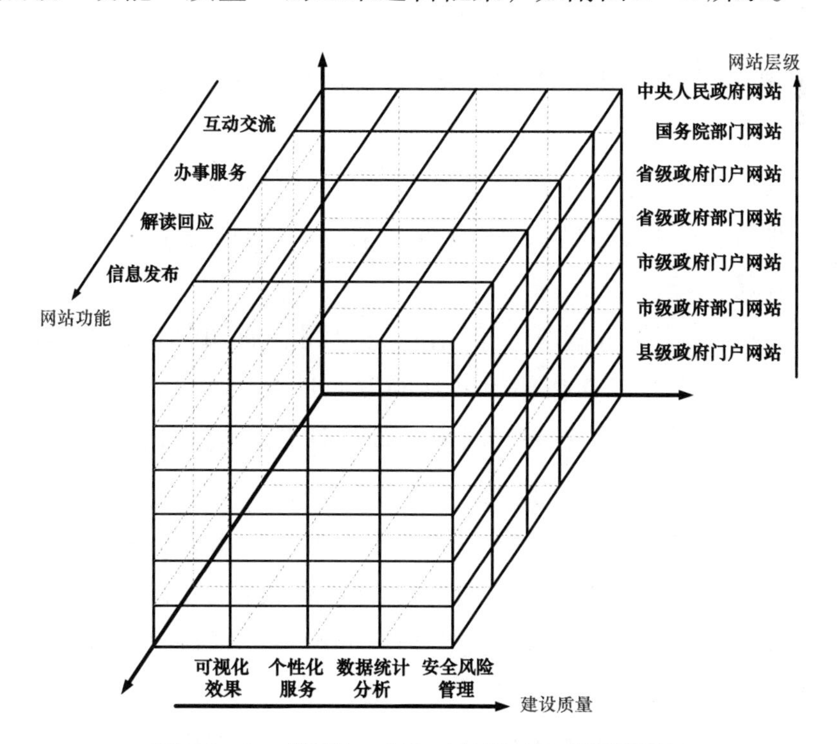

附图 2 – 2　“层级—功能—质量”的三维逻辑框架

三个维度之间相互独立，又相互关联、相互作用，从而构成有机的整体，用于指导政府网站绩效评估指标体系的建立。

二 评估指标

2017年度山东省政府网站绩效评估指标体系为三级树形结构。其中，一级指标包括信息发布、办事服务、公众参与和网站功能，这四项一级指标在评估指标体系中有各自的权重，权重总和为100。

（一）信息发布

1. 基础信息公开

基础信息公开下设11个三级指标：机构职能、负责人信息、政务动态、法规文件、人事信息、民生热点、统计数据、计划规划、政府信息公开指南、政府信息公开目录、政府信息公开年度报告。此外，市级、县级还包括概况信息和政府公报两个三级指标。

“机构职能”重点考察各部门机构设置、主要职责和联系方式等信息发布情况。

“负责人信息”重点考察各部门主要负责人信息发布情况，包括姓名、照片、简历、主管或分管工作等信息在门户网站的发布情况。

“政府动态”指标中应包括政务要闻、通知公告、工作动态等内容，主要考察其在部门网站的发布情况。

“法规文件”主要考察国家法律、法规、规章以及规范性文件等在部门网站的发布情况。

“人事信息”重点考察人事任免、公务员考录等相关的信息内容。市、县级政府除此之外，还需要有教育培训等内容。

“民生热点”重点考察民生领域的政策、措施和相关服务等信息的发布情况。

“统计数据”对省直部门来说，主要考察部门所属行业社会关注度高的统计数据发布情况；对市、县级政府，重点考察本地区人口、自然资源、经济、农业、工业、服务业、财政金融、民生保障等社会关注度高的统计数据在门户网站的发布情况。

“计划规划”指标重点考察各部门、各级政府的年度计划、发展规划等内容。它具体包括本部门年度工作计划或执行进展等信息在部门网站的发布情况、行业内“十三五”规划以及规划解读、执行进展信息在部门网站的发布情况。

政府信息公开指南、政府信息公开年度报告重点考察是否设立或发布此组配项，是否及时进行更新。

“概况信息”（省直部门政府网站无此考察项目）考察本地区经济、社会、历史、地理、人文、行政区划等介绍性信息在门户网站发布情况；“政府公报”（省直部门政府网站无此考察项目）小指标主要考察市县级政府是否定期发行政府公报，并在门户网站提供电子版链接。

2. 重点领域信息公开

对省直部门而言，根据省直单位自身情况，考察其财政信息和权责清单。财政信息包括财政预决算、专项经费以及政府采购信息，权责清单包括本部门权力清单与责任清单的公布情况。对于市级和县级政府来说，还须考察其扶贫信息、住房保障、食品药品安全、生产安全、环境保护、征地拆迁、高校信息公开、国有企业重大项目建设、减税降费、社会保险和就业创业等信息的情况。

3. 公共数据开放

公共数据开放重点在于引导各单位建立公共数据开放目录，实现公共数据资源合理适度向社会开放。对省直部门而言，重点考察数据开放目录、数据开放说明、数据开放格式以及数据开放内容的建设情况；对于市级和县级政府来说，开放情况包括经济建设、环境资源、城市建设、道路交通、教育科技、文化休闲、民生服务和机构团体八个方面，分别对其数据发布情况进行评分。

4. 依申请公开

“依申请公开”指标中应有以下内容：申请说明、提供申请表格下载、开设在线申请渠道。

（二）办事服务

1. 办事导航

办事导航包括办事服务入口以及办事分类导航两个方面。办事服务入口即查看网站是否提供山东政府服务网的链接，办事分类导航主要考察网站按照事项性质、服务对象、实施主体、服务主题等提供办事服务的情况。

2. 办事资源

对于省直部门来说，办事资源主要考察部门的资源整合情况，具体来说就是，结合业务职能整合提供本级业务部门相关的办事服务内容情况，并在部门网站结合业务职能提供查询类、名单名录类公共便民服务的情况；对于市级和县级政府而言，办事资源包括面向个人和面向企业 2 个三级指标。面向个人，考察提供的婚育、户籍管理、文化教育、卫生保健、公用事业、住房就业、出入境、社会保障、交通等服务信息资源整合情况；面向企业，考察提供的注册变更、税政服务、年检年审、质量检查、安全生产、知识产权、商务贸易、对外交流、劳动保障、人力资源、资质认证等服务信息资源整合情况。

3. 服务功能（山东政务服务网分厅）

服务功能主要考察该部门在山东政府服务网分厅的建设情况，包括办事说明和办事效果 2 个三级指标。办事说明包括服务事项目录、办事指南规范性和申报材料下载，办事效果包括网上申报、网上查询以及咨询投诉 3 个三级指标。

（三）公众参与

“公众参与”下设 3 个二级指标：政策解读、回应关切和交流互动。政策解读包括解读文件和解读情况 2 个三级指标，回应关切包括重大突发事件回应和社会热点回应 2 个三级指标，互动交流包括咨询建议、调查征集、在线访谈和投诉举报 4 个三级指标。

1. 政策解读

“政策解读”主要考察解读文件发布、政策文件与解读材料关联性、领导干部解读、解读形式等内容。

2. 回应关切

“回应关切”重点考察重大突发事件与社会热点的回应形式以及内容。

3. 互动交流

“互动交流”主要考察咨询建议、调查征集、在线访谈、投诉举报等栏目的开通和运行情况，并对内容设计、结果公开、答复反馈、常见问题等发布情况进行评分。

（四）网站功能

“网站功能”下设 4 个二级指标：可视化效果、信息处理统计、个性化服务和安全风险管理。可视化效果包括页面展示和页面效果 2 个三级指标；信息处理统计主要考察信息公开、在线办事和公众参与的数量；个性化服务包括个性化定制、无障碍浏览、支持多种语言、站内搜索和智能问答 5 个三级指标；安全风险管理包括安全管理手段和安全运行效果 2 个三级指标。

1. 可视化效果

本类小指标主要考察目标网站的一些辅助功能，例如网站个性设计、首页布局等是否合理、美观。

2. 信息处理统计

本类小指标主要是对信息公开、在线办事和公众参与的数量进行统计分析。

3. 个性化服务

本类小指标主要考察目标网站是否具有个性化定制、无障碍浏览服务、支持多种语言、站内搜索、智能问答的功能。无障碍浏览服务是指为特殊人群及老年人提供的便捷浏览服务，例如在原有基础上支持字体放大、特殊界面设置、色调调整、辅助线添加、语音等功能，为视觉障碍、老年人等特殊人群提供网上通道。站内搜索主要查看是否有该功能以及搜索的智能化水平、搜索结果的准确性、易用性等情况。智能问答是指通过自然语言处理技术，对一般性问题提供智能在线问答信息服务，自动解答用户咨询。

4. 安全风险管理

“安全风险管理”主要考察网站是否有防护管理手段，长期运行是否稳定正常。

三　指标调整

根据2017年山东省政府网站绩效评估工作要求，结合当前公众和企业所关心的社会热点，2017年山东省政府网站绩效评估指标体系相对于2016年做了较大的调整。

（一）框架调整

2017年，根据《指引》的最新要求，将指标体系框架的一级指标结构调整为：“信息发布”“办事服务”“公众参与”“网站功能”。其中，“公众参与”下设的二级指标调整为“政策解读”“回应关切”和“互动交流”。

（二）指标调整

1. 根据《山东省省级财政专项资金信息公开暂行办法》（鲁政办字〔2015〕120号）要求，在省政府部门指标体系中增加“专项经费”指标。

2. 根据《山东省政府采购信息公开管理暂行办法》（鲁财采〔2015〕10号）要求，在省政府部门和市、县级政府指标体系中增加“政府采购信息”指标。

3. 增加“责任清单”指标。

4. 在市、县级政府指标体系中，增加“扶贫信息”“减税降费”指标，并将“就业服务”指标调整为“就业创业”。

5. 增加“数据开放格式”指标。

6. 增加“办事分类导航”指标，强化政府网站的“互联网 + 政务服务”入口功能。

7. 调整“资源整合”指标，引导各级政府网站结合业务职能提供查询类、名单名录类公共便民服务。

8. 增加“政策解读”的二级指标，并下设“解读文件”和“解读情况”两个三级指标。

9. 调整“回应关切”指标，下设“重大突发事件回应”和“社会热点回应”。

10. 按照《指引》的最新要求，调整“互动交流”指标下的三级指标，分别为“咨询建议”“调查征集”“在线访谈”和“投诉举报”。

11. 增加“个性化定制”和“智能问答”指标，提升政府网站的用户体验。

第三部分　主要结论

从本次政府网站绩效评估的整体情况看，各级政府网站主要呈现以下特点。

一　集约化智慧化趋势明显，内容接地气聚民心

随着全国政府网站普查的持续开展和政府网站集约化建设的深入推进，全省各级政府网站不断优化栏目设计，着力加强网站内容保障和更新，集约化建设已初见成效，各地区各部门网站正按照计划逐步迁入云平台。2017 年，山东省各级政府严格按照《指引》要求，继续加大基层政府网站的整合力度，积极完善政府网站体系，切实优化布局结构，稳步推进政府网站集约化建设。

在国家“放管服”改革和“互联网＋政务服务”深入发展的背景下，互联网、云计算、大数据等新一代信息技术兴起和运用，使政府网站信息发布、办事服务、解读回应和互动交流等功能大幅革新，山东省各级政府网站不断加大智能搜索、智能问答、个性化定制、无障碍浏览等新技术的应用，赋予网站人性化内涵，更加智慧化，彻底转变了过去政府网站严肃刻板的形象，内容也更加接地气、聚民心。

二　政府信息多方式展现，政务公开全面推进

政府网站是政务公开第一平台，政府网站的信息发布重点强调发布信息的全面性和实效性，并且还要兼顾准确性与完整性。在全面推进政务公开的新时代，政府网站第一平台的作用进一步强化，将政府网站打造成更加全面的信息公开平台。政务公开的主体和内容也进一步扩展和深化，逐步覆盖权力运行全流程和政务服务全过程。

2017 年，山东省各地区、各部门不断完善政府网站信息发布机制，及时准确发布政府信息，更加注重信息的时效性和对信息的归整与分类，以数字化、图表、音频、视频等多种方式予以展现，使政府信息传播更加可视、可读、可感，进一步增强政府网站的吸引力、亲和力。同时，大多数政府网站还能够根据发布信息内容设置相应的专题专栏或建立公开目录，将各类信息分类整理至专栏或目录中，做到对公开信息的有序归整，增强政府网站的实用性。

三　服务标准化大力推进，政务服务纵深发展

加快推进“互联网＋政务服务”，是深化简政放权、放管结合、优化服务改革的关键之举。2015 年，省级政务服务平台建成，山东政务服务网开通运行；2016 年，各市政务服务平台相继建成，实现了全省平台互联互通，初步实现全省政务服务

“一张网、一号通、一体化”，各级政府积极以制度标准为依据，促进政务服务质量提升。

评估结果显示，山东省各级政府网站不断强化“互联网 + 政务服务”入口功能，着力推进政务服务标准化建设，在线办事水平有了较大提升。各级政府在山东政府服务网分厅，按照统一规范要求，提供办事指南、申报材料下载等基础性内容。全省各级主要行政权力事项和公共服务事项均由平台统一管理，办事服务、结果公示、办事咨询、监督评议等栏目建设逐步完善，办事规范性进一步得到加强。

四　公众参与渠道多样化，互动实效显著增强

政民互动栏目是政府及时了解公民诉求的主要渠道，同时也是公众主动参与网络问政的快捷方式。政府网站应切实发挥政策解读宣传、政民互动交流的强大功能，增进公众对政策文件的理解，正面回应社会热点问题，阐明政策，解疑释惑，增强政策的传播力、影响力，为转变政府职能、提高管理和服务效能、推进国家治理体系和治理能力现代化发挥积极作用。

评估结果显示，各级政府网站逐步建立了常态化的政策解读机制，在确保政策解读的科学性和权威性的同时，运用部门领导撰稿解读、专家解读、政策问答、在线访谈、媒体专访、新闻发布会等解读形式，扩大传播范围和受众面。互动交流方面，渠道趋于多样化，公众参与网络问政的积极性越来越高，对涉及本地区、本部门的社会热点和突发事件主动发声，公布客观事实，邀请相关业务部门做出权威、正面的回应，阐明政策，解疑释惑。

五　智能化水平稳步提升，健康情况持续向好

随着政府改革步伐的加快，云计算、大数据、物联网等技术的兴起和运用，山东省各级政府网站正在加大智能搜索、智

能问答、无障碍浏览等新技术的运用。为适应互联网发展变化和公众使用习惯，各级政府积极创新网站服务方式，着力增强网站智能化水平，提升用户体验，网站的整体建设质量较往年有了明显提高。

评估结果显示，各级政府更加重视网站的个性化设计和页面效果展示，围绕残疾人、老年人等特殊群体获取网站信息的需求，信息无障碍水平显著提升。各级政府按照《指引》要求积极探索以用户为中心，打造个人和企业专属主页，为用户提供个性化的信息推送或主动服务。同时，部分网站也推出智能问答、智能机器人等功能，进一步提升政府网站的用户体验。在运行维护机制方面，各级政府不断加强政府网站的安全风险管理，利用云平台对网站进行实时监管，加强安全管理手段，确保网站运行稳定正常，防止被篡改、挂马等攻击，网络安全防护能力明显改善。

第四部分　评估结果分析

为贯彻落实“放管服”改革工作部署，深入推进“互联网+政务服务”工作，按照《指引》要求，2017年山东省政府网站绩效评估指标体系从信息发布、办事服务、公众参与和网站功能四大一级指标对省直部门网站、市级政府网站和县级政府网站展开全面评估。评估指标体系更加强调政府网站解读回应的及时性、主动性以及统一互动平台的建设和应用情况，并且增设了政府网站个性化服务的性能指标，提升了政府网站的用户体验。

评估结果显示，各级政府网站均能够按照《指引》要求，优化栏目设计，加强内容保障和更新，集约化建设趋势明显，整体建设和应用水平有了显著提升，政府网站更加智慧化。

一　评估结果

（一）省直部门

1. 整体情况

2017 年，省直部门网站的平均绩效得分为 79.3143 分，省直部门网站建设和应用处于稳步推进阶段。省直部门网站绩效评估指标包括信息发布、办事服务、公众参与和网站功能指标，权重分别为 25、20、35 和 20。2017 年省直政府网站绩效分值和绩效指数（注：指某项指标的评估得分值与该项指标满分值的比值，以小数表示或者换算成百分比）分布情况如附图 2－3 和附图 2－4 所示。

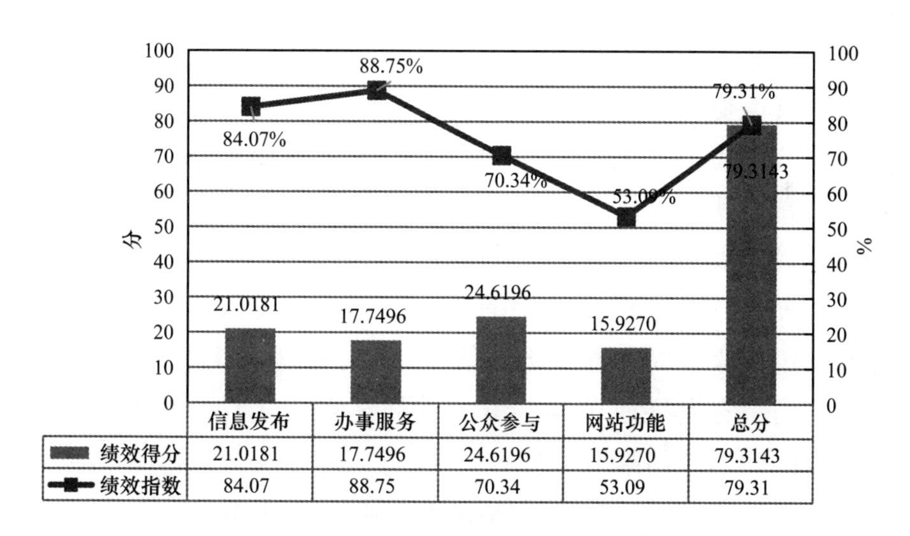

	信息发布	办事服务	公众参与	网站功能	总分
绩效得分	21.0181	17.7496	24.6196	15.9270	79.3143
绩效指数	84.07	88.75	70.34	53.09	79.31

附图 2－3　省直部门网站绩效得分与绩效指数情况

从各项指标得分来看，省直部门网站在信息发布、办事服务、公众参与和网站功能上，均能够较好地满足政府网站建设要求，信息发布及时准确，办事服务便民利民，互动交流成效显著提升，网站功能建设稳步推进。其中，省商务厅和省水利厅信息发布指标的绩效指数分别达到 99.30% 和 95.71%；省经

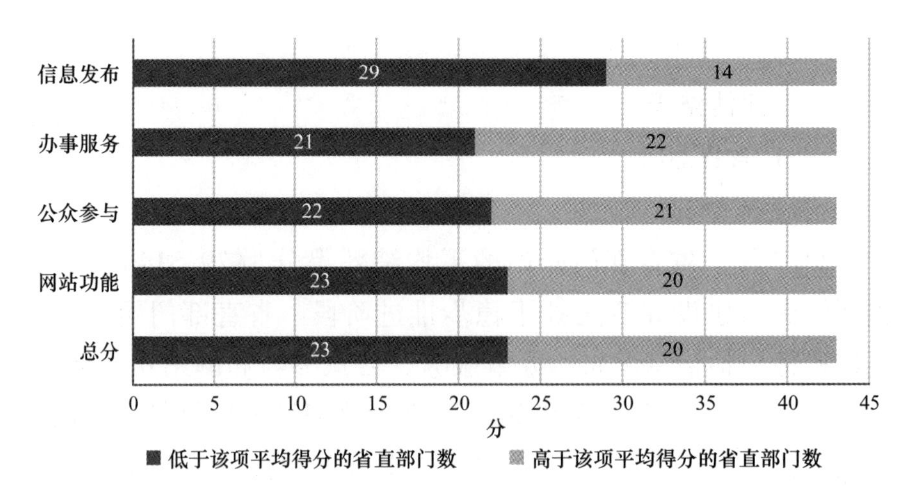

附图 2－4　省直部门网站一级指标得分分布情况

济和信息化委、省卫生计生委和省旅游发展委办事服务指标的绩效指数均高于95%；省食品药品监管局、省经济和信息化委、省发展改革委和省科技厅公众参与指标指数均超过85%；省食品药品监管局、省工商局和省商务厅等单位网站功能建设质量方面略高于其他单位。

2. 评估结果

本次参与评估的43个省直部门网站中，省商务厅名列第1，省食品药品监管局、省经济和信息化委、省科技厅、省质监局、省工商局、省发展改革委、省统计局、省卫生计生委和省旅游发展委位列第2到第10位。

各省直部门网站绩效评估结果如附表2－1所示。

附表2－1　省直部门网站绩效评估结果　（分）

排名	省政府部门	信息发布	办事服务	公众参与	网站功能	总分
1	省商务厅	24.8244	18.9737	28.7402	17.8997	90.4380
2	省食品药品监管局	21.8804	18.4391	31.8591	18.2483	90.4269
3	省经济和信息化委	22.9292	19.5295	31.1242	16.3707	89.9536
4	省科技厅	23.6379	18.7083	29.8747	17.6579	89.8788

续表

排名	省政府部门	信息发布	办事服务	公众参与	网站功能	总分
5	省质监局	23. 3720	18. 1659	28. 9223	17. 3897	87. 8499
6	省工商局	23. 1571	17. 6068	27. 6225	18. 1108	86. 4972
7	省发展改革委	19. 9687	18. 4391	30. 0500	17. 8045	86. 2623
8	省统计局	23. 3131	18. 9737	25. 1193	17. 3724	84. 7785
9	省卫生计生委	22. 4277	19. 2873	27. 3038	15. 6013	84. 6201
10	省旅游发展委	22. 8583	19. 2354	25. 0998	17. 1697	84. 3632
11	省水利厅	23. 9270	18. 4391	26. 5236	14. 7241	83. 6138
12	省交通运输厅	20. 9464	18. 5095	27. 7173	15. 5177	82. 6909
13	省文化厅	20. 9583	18. 4391	25. 4460	17. 3897	82. 2331
14	省司法厅	23. 6379	17. 7332	22. 9891	17. 3032	81. 6634
15	省环保厅	21. 0950	18. 4391	26. 0576	15. 3232	80. 9149
16	省国土资源厅	20. 4634	18. 4391	23. 8851	17. 6522	80. 4398
17	省住房城乡建设厅	22. 3886	16. 5831	24. 1764	17. 1988	80. 3469
18	省国资委	20. 2793	17. 0205	27. 1397	15. 8745	80. 3140
19	省林业厅	20. 0749	18. 0721	24. 5357	17. 5955	80. 2782
20	省公安厅	19. 1050	18. 0499	28. 1869	14. 7851	80. 1269
21	省财政厅	20. 2485	18. 1659	22. 9891	17. 4642	78. 8677
22	省农业厅	20. 6761	18. 4848	22. 8364	16. 7750	78. 7723
23	省畜牧兽医局	21. 0238	17. 5556	23. 3666	16. 8048	78. 7508
24	省人力资源社会保障厅	20. 5244	16. 7332	26. 2895	15. 0532	78. 6003
25	省地税局	21. 0060	17. 3205	25. 4460	14. 7716	78. 5441
26	省金融办	20. 0000	16. 4317	26. 6552	15. 1658	78. 2527
27	省侨办	20. 6458	17. 3205	24. 6779	14. 6969	77. 3411
28	省人防办	20. 2793	18. 2721	24. 3926	14. 2618	77. 2058
29	省海洋与渔业厅	20. 8267	16. 5590	24. 1764	15. 5563	77. 1184
30	省外办	19. 4615	16. 1245	24. 9600	16. 1245	76. 6705
31	省安监局	20. 0499	17. 8885	23. 0651	14. 7241	75. 7276
32	省民政厅	20. 1866	16. 1864	24. 2487	14. 6697	75. 2914

续表

排名	省政府部门	信息发布	办事服务	公众参与	网站功能	总分
33	省教育厅	19.5895	16.4924	22.9891	16.0375	75.1085
34	省体育局	19.5448	18.4391	22.6178	14.1915	74.7932
35	省民委	19.4615	17.5271	22.9129	14.8661	74.7676
36	省机关事务局	20.0000	17.4929	19.7214	15.9374	73.1517
37	省新闻出版广电局	20.4939	16.4682	20.9165	15.1921	73.0707
38	省物价局	20.7485	17.5499	19.1703	14.7648	72.2335
39	省粮食局	19.8242	17.4205	19.8290	15.1327	72.2064
40	省法制办	19.9374	16.1245	21.2126	14.8324	72.1069
41	省监狱局	19.8620	17.0294	20.6640	13.1149	70.6703
42	省审计厅	19.1377	16.1245	18.5203	14.2127	67.9952
43	省文物局	19.0066	18.4391	14.6116	13.5204	65.5777

（二）市级政府

1. 整体情况

2017 年，市级政府网站的平均绩效得分为 85.8999 分，与省直部门和县级政府网站相比，仍处于领先的地位。市级政府网站绩效评估指标包括信息发布、办事服务、公众参与和网站功能，权重分别为 25、20、35 和 20。2017 年市级政府网站绩效分值和绩效指数分布情况如附图 2－5 和附图 2－6 所示。

从各项指标的得分情况来看，市级政府网站的总体建设水平有了一定程度的提升，按照全面推进政务公开工作部署，加强信息发布制度建设，及时更新网站内容，积极推动门户网站与市级各部门网站的联动，并在门户网站提供政务服务入口和导航，切实强化了门户网站政务公开第一平台和“互联网＋政务服务”入口作用。其中，青岛市、东营市和滨州市信息发布指标的绩效指数均高于 98%；办事服务总体水平较高，平均绩效指数达到 92.65%；滨州市和威海市公众参与指标绩效指数分

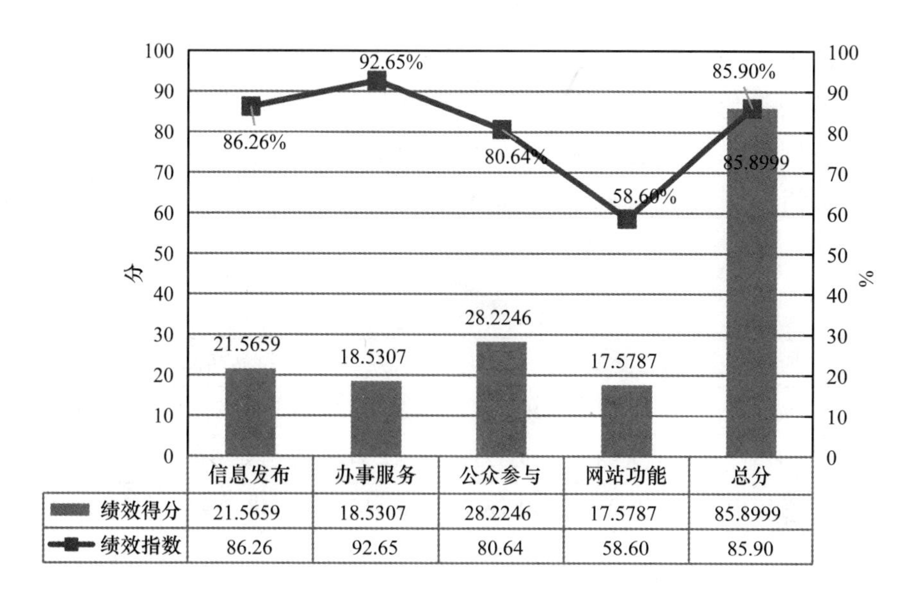

	信息发布	办事服务	公众参与	网站功能	总分
绩效得分	21.5659	18.5307	28.2246	17.5787	85.8999
绩效指数	86.26	92.65	80.64	58.60	85.90

附图 2－5　市级政府网站绩效得分与绩效指数情况

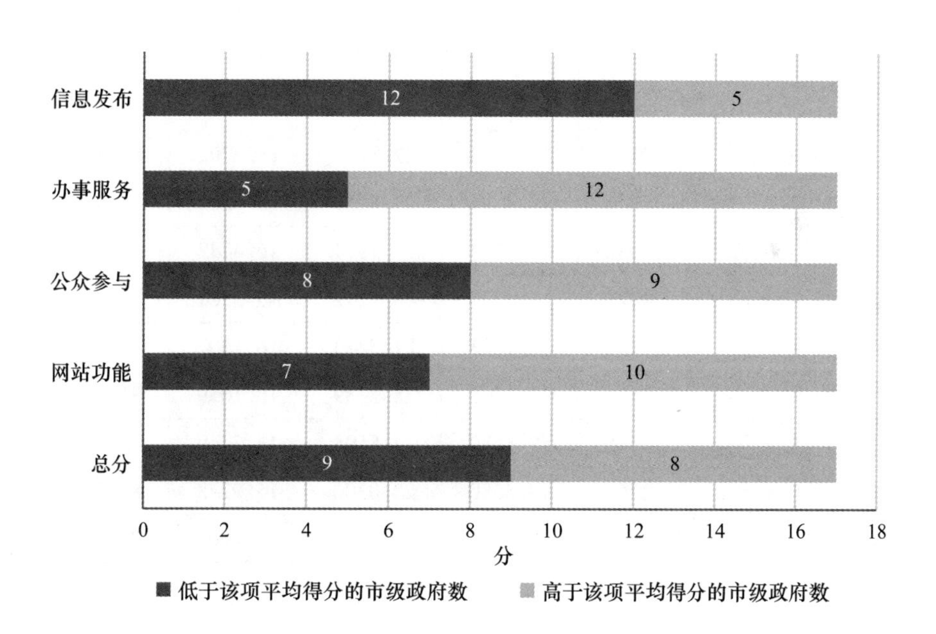

附图 2－6　市级政府网站一级指标得分分布情况

别为 88. 64% 和 87. 99%，略高于其他市政府；济南市、东营市和威海市网站功能指标的绩效指数超过 95%。

2. 评估结果

本次参与评估的 17 家市政府网站中，威海市位列第 1，青岛市、淄博市、滨州市和东营市分列第 2 至第 5 位。

各市级政府网站绩效评估结果如附表 2－2 所示。

附表 2－2　　市级政府网站绩效评估结果　　（分）

名次	市级政府	信息发布	办事服务	公众参与	网站功能	总分
1	威海市	23.4787	19.2873	30.7977	19.0945	92.6582
2	青岛市	24.9098	19.1311	29.3428	18.5634	91.9471
3	淄博市	23.8223	19.2873	29.5212	18.8944	91.5252
4	滨州市	24.6627	16.7332	31.0242	18.9209	91.3410
5	东营市	24.6881	17.4241	29.1033	19.1154	90.3309
6	济南市	20.6458	19.3184	28.2489	19.1677	87.3808
7	日照市	20.6155	18.9737	29.6985	17.6352	86.9229
8	潍坊市	20.6155	17.3205	30.2820	18.6065	86.8245
9	德州市	20.9165	18.7083	27.8119	18.2702	85.7069
10	济宁市	19.8746	19.3391	29.8161	15.8304	84.8602
11	临沂市	20.2052	17.3263	29.7574	16.4742	83.7631
12	菏泽市	20.4022	18.9737	28.1247	15.3362	82.8368
13	莱芜市	20.1432	18.7883	27.5273	16.1307	82.5895
14	枣庄市	20.3899	17.3205	28.2489	16.1059	82.0652
15	泰安市	20.4145	18.8680	24.8193	16.5469	80.6487
16	聊城市	20.4267	18.8680	25.0300	15.9248	80.2495
17	烟台市	20.4083	19.3546	20.6640	18.2209	78.6478

（三）县级政府

1. 整体情况

2017 年，县级政府网站的平均绩效得分为 77.9863 分，基本达到及格标准，但各县级政府政务公开水平参差不齐，总体建设和运维水平较差。县级政府网站绩效评估指标包括信息发布、办事服务、公众参与和网站功能，权重分别为 25、20、35 和 20。2017 年县级政府网站绩效分值和绩效指数分布情况如附图 2－7 和附图 2－8 所示。

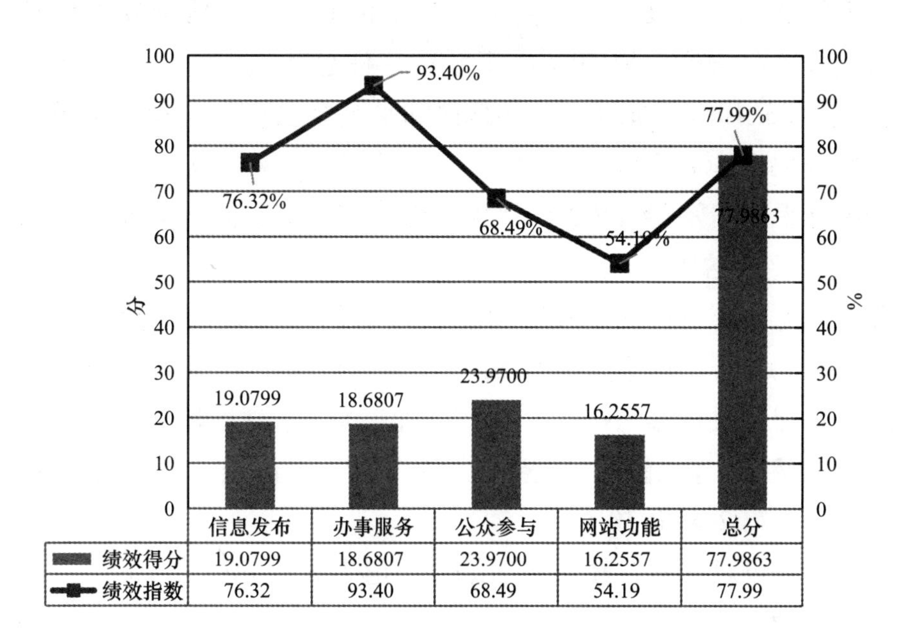

	信息发布	办事服务	公众参与	网站功能	总分
绩效得分	19.0799	18.6807	23.9700	16.2557	77.9863
绩效指数	76.32	93.40	68.49	54.19	77.99

附图 2－7　县级政府网站绩效得分与绩效指数情况

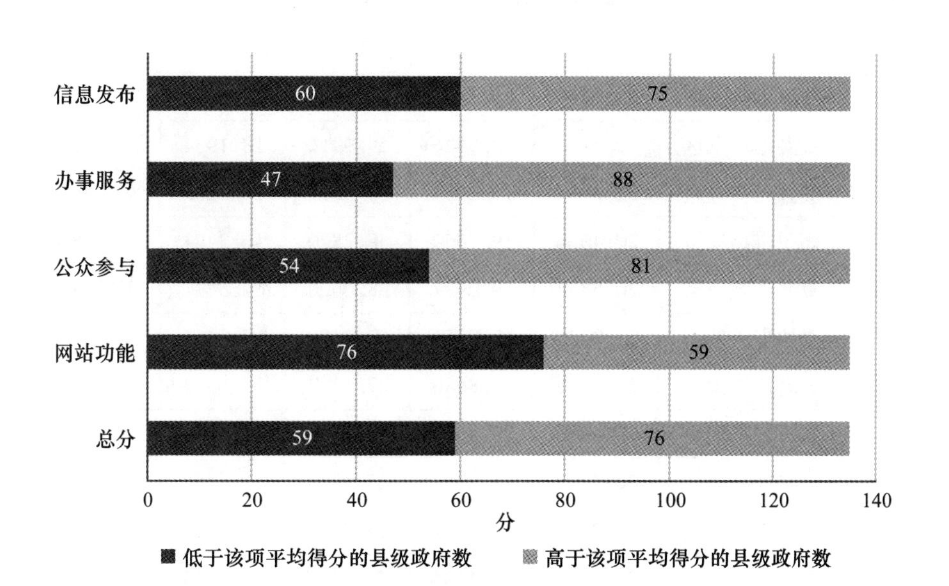

附图 2－8　县级政府网站一级指标得分分布情况

从各项指标得分来看，县级政府网站办事服务指标的绩效指数超过93.40%，说明各县级政府高度重视办事服务功能建设，强化门户网站“互联网+政务服务”入口功能，不断提升办事服务水平。其中，寿光市、崂山区和文登区信息发布指标的绩效指数均高于90%；办事服务指标总体较好，平均绩效指数达到93.40%；禹城市、环翠区和平邑县公众参与指标的绩效指数分别为86.52%、85.69%和84.24%；各县级政府网站功能指标平均绩效指数为81.28%，较往年有了较大的提升。

2. 评估结果

在此次参与评估的135个县级政府网站（在评估数据采集期内，烟台市、栖霞市和临沂市罗庄区政府网站多次尝试，均无法打开，故未参与排名）中，寿光市位列第1，环翠区、文登区、禹城市、乳山市、高密市、崂山区、平邑县、兖州区和城阳区分列第2至第10位。

各县级政府网站绩效评估结果如附表2-3所示。

附表2-3 县级政府网站绩效评估结果 （分）

名次	县级政府	信息发布	办事服务	公众参与	网站功能	总分
1	潍坊市寿光市	23.1840	19.2873	26.4575	18.8627	87.7915
2	威海市环翠区	20.6155	18.9526	29.9917	18.1934	87.7532
3	威海市文登区	22.6936	19.2354	26.5895	18.4282	86.9467
4	德州市禹城市	20.4634	19.1050	30.2820	16.2481	86.0985
5	威海市乳山市	20.5852	19.0997	28.0000	17.5271	85.2120
6	潍坊市高密市	21.2720	18.9156	27.7489	17.2453	85.1818
7	青岛市崂山区	22.7486	18.8680	27.4317	15.6333	84.6816
8	临沂市平邑县	19.0066	19.5959	29.4831	16.5529	84.6385
9	济宁市兖州区	20.3101	18.8255	27.8747	17.5385	84.5488
10	青岛市城阳区	22.2486	18.8361	25.3081	17.3494	83.7422
11	德州市武城县	20.4022	19.4165	27.0463	16.8523	83.7173

续表

名次	县级政府	信息发布	办事服务	公众参与	网站功能	总分
12	威海市荣成市	20.4634	18.9737	25.5147	18.5472	83.4990
13	淄博市博山区	20.9165	18.9631	26.9165	16.6673	83.4634
14	淄博市桓台县	19.1377	18.9156	27.4317	17.8830	83.3680
15	潍坊市寒亭区	20.0000	19.4576	27.3038	16.3707	83.1321
16	青岛市莱西市	21.3307	18.9209	26.4575	16.4012	83.1103
17	济宁市金乡县	19.5895	19.0000	27.6225	16.6012	82.8132
18	菏泽市牡丹区	20.7364	18.6932	25.8554	17.4929	82.7779
19	潍坊市昌邑市	22.2767	18.9737	26.3247	15.0333	82.6084
20	东营市广饶县	19.3003	18.9156	27.5590	16.8048	82.5797
21	德州市齐河县	20.2485	19.1050	26.9165	16.2481	82.5181
22	淄博市沂源县	17.9234	19.2510	28.9828	16.3059	82.4631
23	青岛市市北区	19.5256	18.9262	26.3583	17.5898	82.3999
24	济南市平阴县	17.6777	19.1311	28.3869	17.1464	82.3421
25	东营市河口区	20.1556	18.9473	25.9230	17.1697	82.1956
26	淄博市淄川区	19.5256	19.3804	28.3108	14.9666	82.1834
27	临沂市兰山区	19.0394	18.1659	29.3212	15.6333	82.1598
28	潍坊市奎文区	21.3014	18.9737	24.6208	17.0939	81.9898
29	临沂市沂水县	20.0935	19.4628	25.8876	16.3585	81.8024
30	德州市夏津县	20.6155	18.9473	25.9904	16.2481	81.8013
31	德州市乐陵市	20.3101	19.4165	25.8396	16.2234	81.7896
32	德州市德城区	19.9687	19.1050	26.4575	16.2481	81.7793
33	德州市临邑县	20.3715	19.2873	25.9230	16.1183	81.7001
34	淄博市高青县	18.8082	18.9050	26.4575	17.5214	81.6921
35	德州市平原县	20.4634	19.0945	25.6515	16.2481	81.4575
36	德州市陵城区	20.4939	19.1050	25.9904	15.8619	81.4512
37	青岛市平度市	19.4294	18.7617	28.0624	15.0930	81.3465
38	枣庄市薛城区	20.2793	18.9420	25.5147	16.4742	81.2102
39	济南市章丘市	19.2678	18.5742	25.4460	17.8438	81.1318

续表

名次	县级政府	信息发布	办事服务	公众参与	网站功能	总分
40	潍坊市安丘市	20.1866	18.9578	25.5832	16.3463	81.0739
41	德州市宁津县	20.3101	19.4165	24.9898	16.2419	80.9583
42	德州市庆云县	20.3715	18.6011	26.9815	14.9533	80.9074
43	潍坊市临朐县	19.9060	18.9684	26.8208	15.0997	80.7949
44	泰安市东平县	19.0394	19.2354	25.5772	16.8464	80.6984
45	滨州市无棣县	20.1246	18.5472	25.9904	16.0187	80.6809
46	潍坊市诸城市	20.5548	18.9737	24.5926	16.4924	80.6135
47	枣庄市滕州市	19.9374	18.5742	24.4487	17.5613	80.5216
48	临沂市费县	18.9737	19.4731	26.3783	15.6780	80.5031
49	临沂市临沭县	19.2678	18.2099	26.7208	16.2911	80.4896
50	潍坊市坊子区	19.6850	18.9526	25.5832	16.0686	80.2894
51	临沂市郯城县	18.8746	19.1311	26.2916	15.9060	80.2033
52	济宁市任城区	19.2354	18.8414	24.6926	17.3781	80.1475
53	枣庄市峄城区	19.6850	18.9631	24.9279	16.5227	80.0987
54	青岛市李沧区	19.7167	17.8662	27.5225	14.9599	80.0653
55	滨州市沾化县	19.7167	18.2757	26.5236	15.4532	79.9692
56	滨州市惠民县	20.5548	18.1108	25.3772	15.6844	79.7272
57	菏泽市单县	19.8116	18.9209	25.2994	15.6844	79.7163
58	滨州市阳信县	20.5852	18.1108	25.5832	15.4013	79.6805
59	潍坊市昌乐市	19.6850	19.1050	24.5764	16.3095	79.6759
60	临沂市莒南县	20.6155	17.6635	25.0300	16.2481	79.5571
61	菏泽市东明县	20.6458	18.0000	25.4460	15.3623	79.4541
62	济南市槐荫区	18.9407	18.9737	22.9891	18.5485	79.4520
63	青岛市胶州市	19.8431	17.7370	25.7876	16.0810	79.4487
64	临沂市兰陵县	18.2003	19.3907	25.8147	15.9374	79.3431
65	滨州市博兴县	19.8746	18.1108	25.5147	15.7797	79.2798
66	东营市东营区	16.6958	18.9631	26.6913	16.7690	79.1192
67	泰安市肥城市	20.0624	19.0105	22.7596	17.2373	79.0698

续表

名次	县级政府	信息发布	办事服务	公众参与	网站功能	总分
68	临沂市沂南县	18.3371	18.1549	26.1916	16.2419	78.9255
69	聊城市茌平县	18.7750	18.9526	25.2389	15.7480	78.7145
70	济南市历下区	18.6078	17.0294	24.9600	18.0997	78.6969
71	青岛市即墨市	19.2354	17.8997	23.3666	17.7989	78.3006
72	枣庄市市中区	16.9926	18.9631	25.7196	16.5409	78.2162
73	滨州市滨城区	20.4328	18.5108	21.6564	17.5499	78.1499
74	菏泽市定陶县	18.9407	18.1108	25.6904	15.3623	78.1042
75	济南市市中区	19.2029	18.9737	21.8627	18.0000	78.0393
76	泰安市宁阳县	19.7484	18.9578	21.9273	17.3793	78.0128
77	菏泽市曹县	19.2678	18.1108	25.3081	15.2315	77.9182
78	菏泽市郓城县	20.3408	17.6635	24.8193	14.9666	77.7902
79	济宁市微山县	19.2678	18.0499	24.0312	16.2542	77.6031
80	济南市天桥区	17.6068	18.9737	23.1778	17.7764	77.5347
81	烟台市海阳市	18.4052	18.9631	23.7903	16.1617	77.3203
82	临沂市河东区	19.2354	17.8885	24.1764	15.9374	77.2377
83	淄博市临淄区	18.6678	18.9737	22.7935	16.6853	77.1203
84	济宁市泗水县	18.0970	19.3028	24.3208	15.0466	76.7672
85	淄博市张店区	17.7482	19.0945	25.0300	14.8728	76.7455
86	青岛市黄岛区	18.9077	17.6997	24.0312	16.0562	76.6948
87	日照市岚山区	18.2688	18.8733	21.9307	17.5841	76.6569
88	淄博市周村区	16.2404	18.9209	24.8069	16.6132	76.5814
89	聊城市东昌府区	17.7482	18.9315	24.1039	15.7290	76.5126
90	聊城市临清市	18.6748	19.1154	23.4409	15.2774	76.5085
91	济宁市汶上县	15.6069	18.8043	24.2118	17.8494	76.4724
92	日照市莒县	19.1377	17.3205	23.5531	16.4317	76.4430
93	济宁市嘉祥县	19.1703	17.7144	23.1409	16.2972	76.3228
94	济宁市邹城市	18.4391	18.1549	23.1409	16.4195	76.1544
95	日照市五莲县	19.9060	18.9684	21.0832	15.4855	75.4431

续表

名次	县级政府	信息发布	办事服务	公众参与	网站功能	总分
96	济宁市梁山县	18.2003	19.2302	22.1667	15.8367	75.4339
97	济南市历城区	17.2482	19.3256	22.4311	16.4256	75.4305
98	临沂市蒙阴县	19.6214	17.8885	22.9510	14.9666	75.4275
99	济南市商河县	18.0278	17.8885	22.3719	16.9115	75.1997
100	日照市东港区	19.4615	17.8382	21.2485	16.4317	74.9799
101	枣庄市台儿庄区	19.8431	18.9624	19.4046	16.7631	74.9732
102	烟台市长岛县	16.9558	18.5418	23.4414	16.0312	74.9702
103	烟台市蓬莱市	17.8185	17.3147	22.1409	16.7392	74.0133
104	泰安市泰山区	19.1377	19.1102	19.9750	15.6908	73.9137
105	济南市长清区	17.3205	18.7617	21.8174	15.9311	73.8307
106	滨州市邹平县	20.2176	18.1108	20.1494	15.0665	73.5443
107	莱芜市钢城区	18.5742	18.1328	21.3564	15.4726	73.5360
108	莱芜市莱城区	18.7750	18.3248	21.2485	15.1526	73.5009
109	潍坊市潍城区	19.2354	18.9631	19.6944	15.5692	73.4621
110	聊城市阳谷县	18.2688	18.8892	20.2361	15.9820	73.3761
111	东营市垦利县	14.3614	18.9631	24.1039	15.5820	73.0104
112	烟台市芝罘区	15.4919	18.9737	22.0567	16.2604	72.7827
113	泰安市新泰市	19.6850	17.8885	18.1384	16.9585	72.6704
114	潍坊市青州市	17.9583	18.9737	19.6614	15.9374	72.5308
115	聊城市东阿县	18.3712	18.9103	20.4939	14.6833	72.4587
116	聊城市莘县	17.1391	18.4065	20.6640	16.1059	72.3155
117	东营市利津县	17.4284	17.7651	20.8327	16.2173	72.2435
118	青岛市市南区	18.1315	18.9684	19.9868	15.0466	72.1333
119	烟台市龙口市	16.4697	17.8885	22.3719	15.2053	71.9354
120	烟台市莱阳市	17.1026	18.8361	20.7485	14.8122	71.4994
121	烟台市招远市	17.3925	18.8733	19.7990	15.2184	71.2832
122	烟台市福山区	16.2019	19.5354	19.6214	15.7671	71.1258
123	菏泽市成武县	15.9295	19.3494	20.4083	15.2512	70.9384

续表

名次	县级政府	信息发布	办事服务	公众参与	网站功能	总分
124	泰安市岱岳区	19.8256	18.9737	15.9666	15.9248	70.6907
125	菏泽市鄄城县	18.2688	18.4391	18.4255	15.4272	70.5606
126	烟台市莱山区	16.1245	17.1885	21.0832	16.0312	70.4274
127	聊城市冠县	18.6748	18.7243	17.7482	15.0732	70.2205
128	聊城市高唐县	17.2482	18.9737	18.3303	15.5242	70.0764
129	烟台市牟平区	17.1391	19.3907	16.8375	16.0312	69.3985
130	济宁市鱼台县	18.5742	17.5955	18.2104	14.9064	69.2865
131	枣庄市山亭区	18.0970	17.8269	16.7165	16.4682	69.1086
132	济南市济阳县	17.2844	17.3205	19.4422	15.0333	69.0804
133	烟台市莱州市	16.1245	17.8830	19.4422	14.9265	68.3762
134	菏泽市巨野县	18.3371	18.1659	14.4914	14.8997	65.8941
135	济宁市曲阜市	14.8324	18.2044	14.4914	15.3818	62.9100

二　结果分析

（一）信息发布

基础信息公开方面，评估结果显示，全部的省政府部门、17市政府和90%以上的县政府能够在门户网站公开政府机构职能和负责人信息。政务动态信息公开方面，各单位普遍能够设置政务要闻、工作动态和通知公告等栏目，及时更新发布政府工作信息。95%以上的单位能够公开法律、规章信息。针对规范性文件，84%的省政府部门、17家市政府和85%的县级政府在门户网站设立了规范性文件目录，并定期公开规范性文件的清理结果。80%的单位能够在门户网站较为全面地公布数据统计和梳理信息，92%的单位能够设置专题或建立“民生热点”专栏，发布民生领域政策、服务等信息。43家省政府部门、17家市级政府和大多数县级政府网站，能够发布人事管理信息。针对规划计划信息的公开情况，评估结果显示，70%以上的单位不同程度地公开了年度工作计划，80%以上的单位能够公开单位的长期规划或区域规划。43家省政府部门、17家市政府和大多数县级政府均能够在门户网站明显位置设置政府信息公开目录、政府信息公开指南、政府信息公开年度报告专栏，方便公众更加便捷地查阅政府公开信息。

重点领域公开方面，针对财务信息，42家省政府部门、17市政府和大多数县级政府均能在门户网站中设置财政预决算专栏公开有关信息，84%的单位不同程度地公开了本地政府采购信息，88%的省政府部门能够发布专项经费使用情况信息。权责清单方面，评估发现，除无权力清单或责任清单的单位外，其余所有单位均能够公开权力清单和责任清单，但部分单位存在网页链接无效的情况。

民生领域信息公开范围逐步扩大，民生温度进一步凸显。扶贫方面，17家市政府以不同形式在门户网站公开了扶贫政策、扶贫项目和落实情况。针对住房保障和征地拆迁信息公开，17家市政府均能设置专栏公开本地保障性住房信息，15家市政府能够设置专栏公开征地拆迁信息或链接到当地国土资源相关部门相应栏目。各市级政府均能设置专栏公开本市空气质量、饮水安全等环保信息。88%的市政府能够积极做好食品药品监管和抽检抽验信息的公开工作。针对就业创业领域信息公开，各市级政府均建立专栏公开就业创业政策、市场供求等信息。青岛、威海、德州等9家市政府能够设置高校信息公开专栏，集中发布高校动态。76%的市级政府能够建立社会保险专栏公开社保信息。重大项目建设方面，各市政府均不同程度整合了本地区政府投资重大建设项目的审批、核准、备案、实施等信息，并建立专栏或目录。17家市政府均能发布安全生产有关政策、新闻及典型案例，普遍以专题专栏的形式公开本地区税收优惠和减免政策及其解读信息。所有市政府均能够在门户网站建立国有企业运营监管信息专栏或目录。但部分市政府在重点领域信息公开中，存在目录直接链接到市政府相关部门首页的现象，不利于公众或企业查询所需信息。

数据开放方面，各级政府网站开始初步整合行业内或本地区的公共数据，向公众开放政府相关数据资源，但部分单位开放的数据大部分为PDF格式或者直接引用统计公报，发布简单的统计图表，开放格式不够规范，可机读性不强，缺少具体的数据说明，没有形成统一开放标准和文件格式，缺乏对数据的整理、筛选、重新组合以及详细分类，规范性较差，应用效果不够理想。

依申请公开政府信息是保障公众获得政府信息的重要制度。评估结果显示，17家市政府和76%以上的县级政府均能够提供申请说明和申请表格下载，并开通网络在线申请平台；44家省政府部门均能提供申请说明和申请表格下载，41家省政府部门开通了网络申请渠道，其中31家省政府部门开通了在线申请平台，另外10家省政府部门以公开电子邮箱的方式提供了网络申请渠道。

（二）办事服务

办事服务方面，办事说明规范性和办事效果有了较为明显的提升。省委、省政府高度重视深化行政体制改革和行政审批制度改革，大力推进简政放权和政府职能转变。山东政务服务网上线运行以来，不断充实服务内容，优化服务手段，健全监管机制，各类栏目建设逐步完善。在评估过程中，少数政府网站虽然在网站首页或在线办事服务栏目中提供了山东政务服务网的链接，但没有链接到部门分厅或市县级政府分厅，有的甚至链接失效，不利于公众对所需办事服务的查找。另外，在资源整合方面，只有少数部门提供了较为全面的资源分类，大部分单位缺乏对已有资源的整合、重组，未能展示全方位的便民服务。

在办事说明方面，省政府部门和市、县级政府均能提供准确的服务事项目录以及所需的申报材料，评估结果显示申报材料的可用性达到100%。但在办事指南规范性上，少数部门未能达到规范性的要求，缺少咨询或投诉电话，不利于公众对所需服务事项进展情况的查询。在办事效果方面，所有部门均能提供网上查询和咨询投诉的渠道，全部的市级政府以及95%以上的省直部门与县级政府能为公众提供全面满意的咨询答复，只有极个别部门存在答复不及时、不详细的现象。网上申报方面，约80%的省直部门全程网办或在线预审的事项占所有服务事项的比例达到了0.8，可申报事项的比例有待提高。

（三）公众参与

政府网站不仅是信息发布和新闻展示的平台，而且还要充当政策文件解读和引导的平台，推动惠民政策的开展与执行。评估结果显示，大多数被评估单位能够及时对本部门或本级政府出台的政策文件进行解读，解读材料也基本上能够在文件公开后3个工作日以内发布。个别单位能够注意到解读材料与政策文件的关联性问题，通过文末添加链接的方式，将政策文件原文或相应的解读材料关联起来，有助于公众理解政策要点。本次评估发现，大多数被评估单位的相关负责人对涉及面广、关注度高的法规政策和重大措施能够通过新闻发布会、在线访谈、发表文章等方式带头宣讲政策，增强解读材料的权威性。

随着网络信息的高速发展，社会上的热点话题被公众广泛关注，并以迅雷之势扩散开来。通过多种形式及时回应社会热点，有助于消除公众误解或质疑，提升政府形象与公信度，保障社会的安定团结。评估结果显示，44家省政府部门、17家市政府、135家县级政府都能通过门户网站、新闻发布会以及新媒体平台及时推送社会舆情回应情况，部分政府部门还能通过相应的政策文件内容阐明热点回应的主要措施。

互动交流不仅是民意诉求及时传递的平台，更是政府听取民生的重要渠道。本次评估发现，门户网站互动交流栏目逐步趋于多样化，普遍开通了“咨询建议”“调查征集”“在线访谈”“投诉举报”等栏目。44家省政府部门、17家市政府、132家县级政府都开通了咨询建议栏目，并且运行正常，有利于公众及时了解咨询内容回复情况。84%的省政府部门、100%的市政府、78%的县级政府建立了调查征集专栏，且调查不再拘泥于网站满意度等一系列问题，越来越多的单位将有关公众利益的事项列入调查征集名录。41家省政府部门、16家市政府、92家县级政府开设了在线访谈栏目，部分单位还将历史访谈内容以视频、图片或者文字等形式公开在门户网站上发布。68%的省政府部门、94%的市政府和81%的县级政府设置了投诉举报栏目，方便民众将违反法律、法规或者相关规定的行为反映到相关部门。

（四）建设质量

在网站功能建设上，随着信息技术的发展，各级政府积极创新网站服务方式，以用户为中心提供个性化服务，收到良好的效果。

评估结果显示，绝大多数政府网站页面布局科学合理、层次分明、重点突出。网站内容较2016年更加丰富，条理更加清晰，政府信息和服务信息更新更加及时有效，使政府工作更加透明，公众也能更加透彻地掌握政府动态。

各级政府高度重视包容性建设，为以视障人士为主的身体机能差异人群和有特殊需求的健全人提供无障碍浏览服务，拓展了服务群体，消除了残障人士和老年人士的数字鸿沟，充分体现了政府“以人为本”、关爱弱势群体的执政理念和政府网上公共服务的人性化关怀。评估结果显示，18家省直部门网站提供了无障碍浏览服务，占40.91%；10家市级政府网站和27家县级网站提供了无障碍浏览服务，分别占比58.82%和19.71%。

提供多语言服务是增加政府网站包容性的重要举措。7家省直部门网站、9家市级政府网站和12家县级政府网站提供了除简体外至少两种语言，分别占比15.91%、52.94%和8.76%；17家省直部门网站、6家市级政府网站和38家县级政府网站提供了除简体外至少一种语言，分别占比38.64%、35.29%和27.74%。

政府网站提供站内高级检索，可以有效提高搜索的智能化水平和搜索结果的准确性、易用性。评估结果显示，29家省直部门网站、16家市级政府网站和58家县级政府网站开通了高级检索功能，开通比例分别占65.91%、94.12%和42.34%，搜索结果相对快捷、准确，容易获取。

另外，近年来由于政府网站存在错别字的情况引发公众媒体关注，严重影响了政府形象。本次评估还重点对省直部门网站和市级政府网站进行错别字及涉密涉敏词汇检测，引导各级政府网站主管部门增强责任意识，建立长效的网站信息内容检查纠错机制。检测结果显示，9家政府网站不同程度地存在国家领导人姓名或职务错误、国家名称错误等严重现象。

对于安全管理部分，各级政府高度重视网站安全防范，认真贯彻落实网络安全等级保护制度，采取必要措施，对攻击、侵入和破坏政府网站的行为以及影响政府网站正常运行的意外事故进行防范，确保网站稳定、可靠、安全运行。评估结果显示，绝大多数网站未发现安全漏洞和潜在风险，日常运维情况良好。

第五部分　存在的主要问题及改进建议

2017年，山东省各级政府网站已经逐步实现规范化建设，但在“互联网+”时代新形势下仍然存在一些制约政府网站建设水平进一步提升的问题。

一　省直部门网站功能建设存在不足，智能互动效果有待提升

根据《指引》要求，2017年重点评估了各级政府网站个性

化定制、智能问答、智能检索、无障碍浏览、多语言支持等网站功能建设情况。评估结果显示，部分省直部门网站还存在着导航体验差、搜索不准、智能化不足等问题。部分部门网站还设置了智能问答，但应用效果欠佳或仅提供简单的搜索功能，用户体验不足。

下一步，省直各部门应坚持“以人为本”，赋予政府网站人性化内涵，对网站页面元素统一进行个性化设计，有效提升政府网站的视觉效果。以用户为中心，打造个人和企业专属主页，或提供个性化信息推送或主动服务。同时，加强政府网站智能导航、智能检索、智能问答、无障碍浏览等网站功能建设，提升用户体验。

二　市级政府网站数据开放水平较低，重点领域信息不够细化

评估发现，市级政府网站公共数据开放栏目建设不够完善，部分没有公开数据开放目录和数据开放说明，且开放数据总量较少。部分仅仅开放了部分加工后的统计数据，且格式多是PDF文件、静态网页等的静态数据，可机读性较差。重点领域信息公开方面，部分采用的是领域分类，没有进一步细化，或是重点领域信息公开目录直接链接到市政府相关部门首页。

下一步，各市级政府要进一步加大对本地区公共数据开放整合力度，细化分类，统一开放标准和文件格式。加强重点领域信息公开规范化建设，加大重点领域信息公开力度，把握重点，强化服务，扎实推进重点领域信息公开。

三　县级政府网站互动交流效果欠佳，网站信息发布缺乏规范

由于各县（市、区）政府信息化水平和政府网站建设认识上的差异，相比省直部门、市级政府网站，县级政府网站整体

建设运维水平还存在着一定的差距。部分网站互动交流栏目虽然渠道畅通，但公众留言交流较少，应用效果不足，未能充分发挥政府网站互动交流的作用。信息发布方面，各县级政府网站也是参差不齐，缺乏统一的规范，内容较为分散，且发布随意较大。

下一步，县级政府要进一步提高门户网站栏目建设水平，做好与相关部门的协调配合，共同推进门户网站建设和应用。丰富政民互动内容，扩大公众的知情权、参与权和监督权，形成“民有所呼、政府必应”“网上听民情、网下解民忧”的良好工作机制，搭建起新时代下密切政民关系的新桥梁，开创服务科学、民主决策的新局面。

四 规划计划执行情况公开亟待加强，规划解读须进一步提高

评估结果显示，大多数省政府部门和各级政府能够在政府网站公开年度工作计划和发展规划信息，但只有部分单位在年度计划或发展规划的执行过程中能及时发布规划计划的执行情况。规划信息发布后，只有部分单位能够及时发布解读材料，更新与规划相关的实施方案、规划执行进度和规划调整内容，发展规划执行情况信息的公开亟待加强。

下一步，省直各部门和各级政府要切实做好年度工作计划和长期发展规划的执行与落实，及时公开计划规划的执行进度，保证公众能够更加及时、详尽地了解规划中各项重点工程的进展动态，督促各项重点工程的落地实施，打造更加透明的民生工程。

五 政府网站办事服务功能定位不明，服务资源须进一步整合

随着山东省电子政务集约化建设的推进，各级政府按照计划已经逐步把政务服务迁移至电子政务公共服务云平台。各级

政府网站也提供了山东政务服务网的链接，但部分单位对于政府网站办事服务功能的定位不够明确，仅仅是提供了链接，没有强化政府网站的入口功能定位。对于社会服务资源，大多数网站未能充分利用掌握的业务数据为社会机构、企业和公众提供名单名录或查询服务。

下一步，各级政府要明确政府网站办事服务功能定位，打造“互联网 + 政务服务”的入口应用场景，包括统一身份认证、服务事项集中展示和分类导航，并实时更新、动态管理。结合业务职能整合提供本级政府业务部门相关的办事服务内容情况，并在政府网站结合业务职能提供查询类、名单名录类公共便民服务情况。

六　政策文件与解读材料关联性较差，互动反馈须进一步重视

评估发现，多数政府网站已经建立了政策解读栏目，但多数与政策文件栏目分属两个不同的专栏，相互之间缺乏关联性，未能实现两者之间相互查找的便利性。交流互动方面，咨询建议、调查征集和投诉举报栏目仅是提供了交流渠道，实际开展效果较差，且对于相关互动交流内容的反馈公开力度不够，实际应用效果不足。

下一步，各级政府要建立政策解读与政策制定工作同步机制，政策性文件与解读方案、解读材料应同步组织、同步审签、同步部署，并加强政府网站政策文件与解读材料的关联性。进一步加强互动交流栏目的建设，围绕重大政策制定、社会公众关注热点重点开展公众参与活动，完善反馈机制，形成良性互动。

七　特色化个性化服务建设明显不足，用户体验须进一步提升

评估发现，只有少数省直部门、6 家市级政府网站和 2 家县

级政府网站提供了个性化定制服务。网站智能问答方面，本次评估中，6 家省直部门网站、7 家市级政府网站和 6 家县级政府网站开通了智能问答功能，开通比例仅分别占 13.64%、41.18%和 4.38%。

下一步，各级政府要“以用户为中心”，以方便用户、满足用户特定的信息需求为宗旨，通过对用户群体特点、用户行为和信息查阅习惯的分析，采用细分服务对象、个性化页面设置、用户信息化定制等方式，为不同的用户提供不同的服务，以满足用户不同需要的信息服务，提升用户体验。

参考文献

[1] 陈小筑：《中国政府网站建设与应用》，人民出版社 2006 年版。

[2] 杜平主编：《中国政府网站互联网影响力评估报告（2013）》，社会科学文献出版社 2013 年版。

[3] 金竹青、王祖康：《中国政府绩效评估主体结构特点及发展建议》，《国家行政学院学报》2007 年第 6 期。

[4] 徐卫：《政府门户网站绩效评估：意义、研究现状与趋势》，《上海行政学院学报》2009 年第 5 期。

[5] 许跃军、杨冰之、陈剑波：《政府网站与绩效评估》，浙江大学出版社 2008 年版。

[6] 杨道玲、王璟璇、童楠楠：《政府网站绩效评估：提升互联网 + 时代的政务服务效能》，社会科学文献出版社 2016 年版。

[7] 杨道玲：《我国电子政务发展现状与“十三五”展望》，《电子政务》2017 年第 3 期。

[8] 张向宏、张少彤、王明明：《中国政府网站的三大功能定位——政府网站理论基础之一》，《电子政务》2007 年第 3 期。

[9] 周亮：《中国政府网站绩效评估模式探讨及发展情况》，《电子政务》2010 年第 Z1 期。

[10] 陈颢：《我国地方政府网站评测模型及实证研究——基于

公共治理理论的视角》，武汉大学出版社 2014 年版。

[11] 张向宏：《服务型政府与政府网站建设》，清华大学出版社 2010 年版。

[12] 寿志勤：《政府网站群服务绩效评估基本理论与方法研究》，科学出版社 2013 年版。

[13] 于施洋、王建冬：《政府网站分析与优化》，社会科学文献出版社 2014 年版。

[14] 李志更、秦浩：《政府网站构建与维护》，中国劳动出版社 2011 年版。

[15] 井西晓：《政府网站在线服务公民信任研究》，经济科学出版社 2014 年版。